수학 좀 한다면

디딤돌 연산은 수학이다 6B

펴낸날 [초판 1쇄] 2024년 5월 3일
펴낸이 이기열
펴낸곳 (주)디딤돌 교육
주소 (03972) 서울특별시 마포구 월드컵북로 122 청원선와이즈타워
대표전화 02-3142-9000
구입문의 02-322-8451
내용문의 02-323-9166
팩시밀리 02-338-3231
홈페이지 www.didimdol.co.kr
등록번호 제10-718호
구입한 후에는 철회되지 않으며 잘못 인쇄된 책은 바꾸어 드립니다.

1 손으로 푸는 100문제보다 머리로 푸는 10문제가 수학 실력이 된다.

계산 방법만 익히는 연산은 '계산력'은 기를 수 있어도 '수학 실력'으로 이어지지 못합니다.
계산에 원리와 방법이 있는 것처럼 계산에는 저마다의 성질이 있고 계산과 계산 사이의 관계가 있습니다.
또한 아이들은 계산을 활용해 볼 수 있어야 하고 계산을 통해 수 감각을 기를 수 있어야 합니다.
이렇듯 계산의 단면이 아닌 입체적인 계산 훈련이 가능하도록 하나의 연산을 다양한 각도에서
생각해 볼 수 있는 문제들을 수학적 설계 근거를 바탕으로 구성하였습니다.

지금까지의 연산

기존의 연산학습 방식은 가로셈, 세로셈의 반복학습 중심이었기 때문에 계산력을 기르기에 지나지 않았습니다. 연산학습이 수학 실력으로 이어지려면 가로셈, 세로셈을 포함한 **전후 단계의 체계적인 문제들로 학습**해야 합니다.

기존 연산책의 학습 범위

1일차 세로셈

2일차 가로셈

디딤돌 연산

수학적 의미에 따른 연산의 분류

❶ 연산의 원리
❷ 연산의 성질
❸ 연산의 활용
❹ 연산의 감각

수학적 의미에 따라 연산을 크게 4가지로 분류하여 문항을 설계하였습니다. 입체적인 문제 구성으로 계산 훈련만으로도 수학의 개념과 법칙을 이해할 수 있습니다.

곱셈의 원리
01 수를 갈라서 계산하기

곱셈의 원리
02 자리별로 계산하기

곱셈의 원리
03 세로셈

곱셈의 원리
04 가로셈

곱셈의 성질
05 묶어서 곱하기

곱셈의 감각
09 크기 어림하기

5학년 A

혼합 계산의 원리	수의 원리	덧셈과 뺄셈의 원리
혼합 계산의 성질	수의 성질	덧셈과 뺄셈의 성질
혼합 계산의 활용	수의 활용	덧셈과 뺄셈의 감각
혼합 계산의 감각	수의 감각	

1 덧셈과 뺄셈의 혼합 계산
2 곱셈과 나눗셈의 혼합 계산
3 덧셈, 뺄셈, 곱셈(나눗셈)의 혼합 계산
4 덧셈, 뺄셈, 곱셈, 나눗셈의 혼합 계산
5 약수와 배수
6 공약수와 최대공약수
7 공배수와 최소공배수
8 약분
9 통분
10 분모가 다른 진분수의 덧셈
11 분모가 다른 진분수의 뺄셈
12 분모가 다른 대분수의 덧셈
13 분모가 다른 대분수의 뺄셈

5학년 B

곱셈의 원리
곱셈의 성질
곱셈의 활용
곱셈의 감각

1 분수와 자연수의 곱셈
2 단위분수의 곱셈
3 진분수, 가분수의 곱셈
4 대분수의 곱셈
5 분수와 소수
6 소수와 자연수의 곱셈
7 소수의 곱셈

6학년 A

나눗셈의 원리	비와 비율의 원리
나눗셈의 성질	
나눗셈의 활용	
나눗셈의 감각	

1 (자연수)÷(자연수)를 분수로 나타내기
2 (분수)÷(자연수)
3 (대분수)÷(자연수)
4 분수, 자연수의 곱셈과 나눗셈
5 (소수)÷(자연수)
6 (자연수)÷(자연수)를 소수로 나타내기
7 비와 비율

6학년 B

나눗셈의 원리	혼합 계산의 원리	비와 비율의 원리
나눗셈의 성질	혼합 계산의 성질	비와 비율의 성질
나눗셈의 활용	혼합 계산의 감각	비와 비율의 활용
나눗셈의 감각		

1 분모가 같은 진분수끼리의 나눗셈
2 분모가 다른 진분수끼리의 나눗셈
3 (자연수)÷(분수)
4 대분수의 나눗셈
5 분수의 혼합 계산
6 나누어떨어지는 소수의 나눗셈
7 나머지가 있는 소수의 나눗셈
8 소수의 혼합 계산
9 간단한 자연수의 비로 나타내기
10 비례식
11 비례배분

2 사칙연산이 아니라 수학이 담긴 연산을 해야 초·중·고 수학이 잡힌다.

수학은 초등, 중등, 고등까지 하나로 연결되어 있는 과목이기 때문에 초등에서의 개념 형성이 중고등 학습에도 영향을 주게 됩니다.
초등에서 배우는 개념은 가볍게 여기기 쉽지만 중고등 과정에서의 중요한 개념과 연결되므로 그것의 수학적 의미를 짚어줄 수 있는 연산 학습이 반드시 필요합니다.
또한 중고등 과정에서 배우는 수학의 법칙들을 초등 눈높이에서부터 경험하게 하여 전체 수학 학습의 중심을 잡아줄 수 있어야 합니다.

초등: 자리별로 계산하기

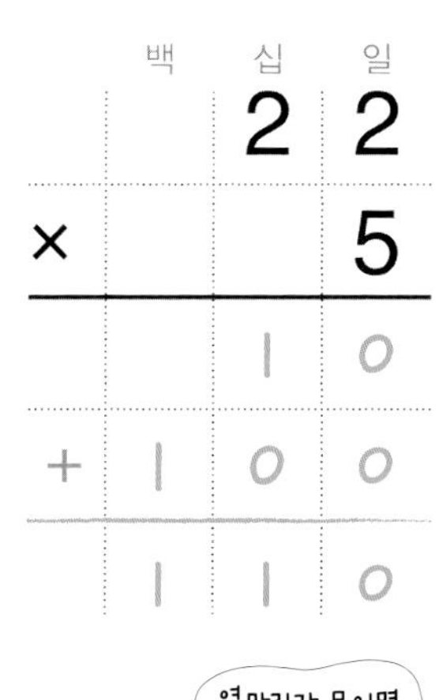

초등: 곱하여 더해 보기

$10 \times 2 = 20$

$3 \times 2 = 6$

$13 \times 2 = 26$

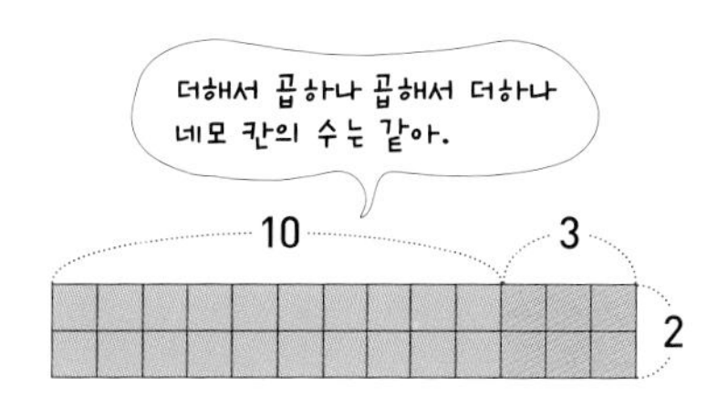

$(10+3) \times 2 = 10 \times 2 + 3 \times 2$

중등: 동류항끼리 계산하기

다항식: $2x-3y+5$
동류항의 계산: $2a+3b-a+2b=a+5b$

고등: 동류항끼리 계산하기

복소수의 사칙계산
실수 a, b, c, d에 대하여
$(a+bi)+(c+di)=(a+c)+(b+d)i$
$(a+bi)-(c+di)=(a-c)+(b-d)i$

중등: 분배법칙

곱셈의 분배법칙
$a \times (b+c) = a \times b + a \times c$

다항식의 곱셈
다항식 a, b, c, d에 대하여
$(a+b) \times (c+d) = a \times c + a \times d + b \times c + b \times d$

다항식의 인수분해
다항식 m, a, b에 대하여
$ma+mb=m(a+b)$

연산의 원리

계산 원리
계산 방법
자릿값
사칙연산의 의미
덧셈과 곱셈의 관계
뺄셈과 나눗셈의 관계

연산의 성질

계산 순서/교환법칙
결합법칙/분배법칙
덧셈과 뺄셈의 관계
곱셈과 나눗셈의 관계
0과 1의 계산
등식

연산의 활용

상황에 맞는 계산
규칙의 발견과 적용
추상화된 식의 계산

연산의 감각

어림하기
연산의 다양성
수의 조작

3학년 A

덧셈과 뺄셈의 원리	나눗셈의 원리	곱셈의 원리
덧셈과 뺄셈의 성질	나눗셈의 활용	곱셈의 성질
덧셈과 뺄셈의 활용	나눗셈의 감각	곱셈의 활용
덧셈과 뺄셈의 감각		곱셈의 감각

1 받아올림이 없는 (세 자리 수)+(세 자리 수)
2 받아올림이 한 번 있는 (세 자리 수)+(세 자리 수)
3 받아올림이 두 번 있는 (세 자리 수)+(세 자리 수)
4 받아올림이 세 번 있는 (세 자리 수)+(세 자리 수)
5 받아내림이 없는 (세 자리 수)−(세 자리 수)
6 받아내림이 한 번 있는 (세 자리 수)−(세 자리 수)
7 받아내림이 두 번 있는 (세 자리 수)−(세 자리 수)
8 나눗셈의 기초
9 나머지가 없는 곱셈구구 안에서의 나눗셈
10 올림이 없는 (두 자리 수)×(한 자리 수)
11 올림이 한 번 있는 (두 자리 수)×(한 자리 수)
12 올림이 두 번 있는 (두 자리 수)×(한 자리 수)

3학년 B

곱셈의 원리	나눗셈의 원리	분수의 원리
곱셈의 성질	나눗셈의 성질	
곱셈의 활용	나눗셈의 활용	
곱셈의 감각	나눗셈의 감각	

1 올림이 없는 (세 자리 수)×(한 자리 수)
2 올림이 한 번 있는 (세 자리 수)×(한 자리 수)
3 올림이 두 번 있는 (세 자리 수)×(한 자리 수)
4 (두 자리 수)×(두 자리 수)
5 나머지가 있는 나눗셈
6 (몇십)÷(몇), (몇백몇십)÷(몇)
7 내림이 없는 (두 자리 수)÷(한 자리 수)
8 내림이 있는 (두 자리 수)÷(한 자리 수)
9 나머지가 있는 (두 자리 수)÷(한 자리 수)
10 나머지가 없는 (세 자리 수)÷(한 자리 수)
11 나머지가 있는 (세 자리 수)÷(한 자리 수)
12 분수

4학년 A

곱셈의 원리	나눗셈의 원리
곱셈의 성질	나눗셈의 성질
곱셈의 활용	나눗셈의 활용
곱셈의 감각	나눗셈의 감각

1 (세 자리 수)×(두 자리 수)
2 (네 자리 수)×(두 자리 수)
3 (몇백), (몇천) 곱하기
4 곱셈 종합
5 몇십으로 나누기
6 (두 자리 수)÷(두 자리 수)
7 몫이 한 자리 수인 (세 자리 수)÷(두 자리 수)
8 몫이 두 자리 수인 (세 자리 수)÷(두 자리 수)

4학년 B

분수의 원리	덧셈과 뺄셈의 감각
덧셈과 뺄셈의 원리	
덧셈과 뺄셈의 성질	
덧셈과 뺄셈의 활용	

1 분모가 같은 진분수의 덧셈
2 분모가 같은 대분수의 덧셈
3 분모가 같은 진분수의 뺄셈
4 분모가 같은 대분수의 뺄셈
5 자릿수가 같은 소수의 덧셈
6 자릿수가 다른 소수의 덧셈
7 자릿수가 같은 소수의 뺄셈
8 자릿수가 다른 소수의 뺄셈

3 생각하고, 풀고, 느껴야 수학 개념이 남는다.

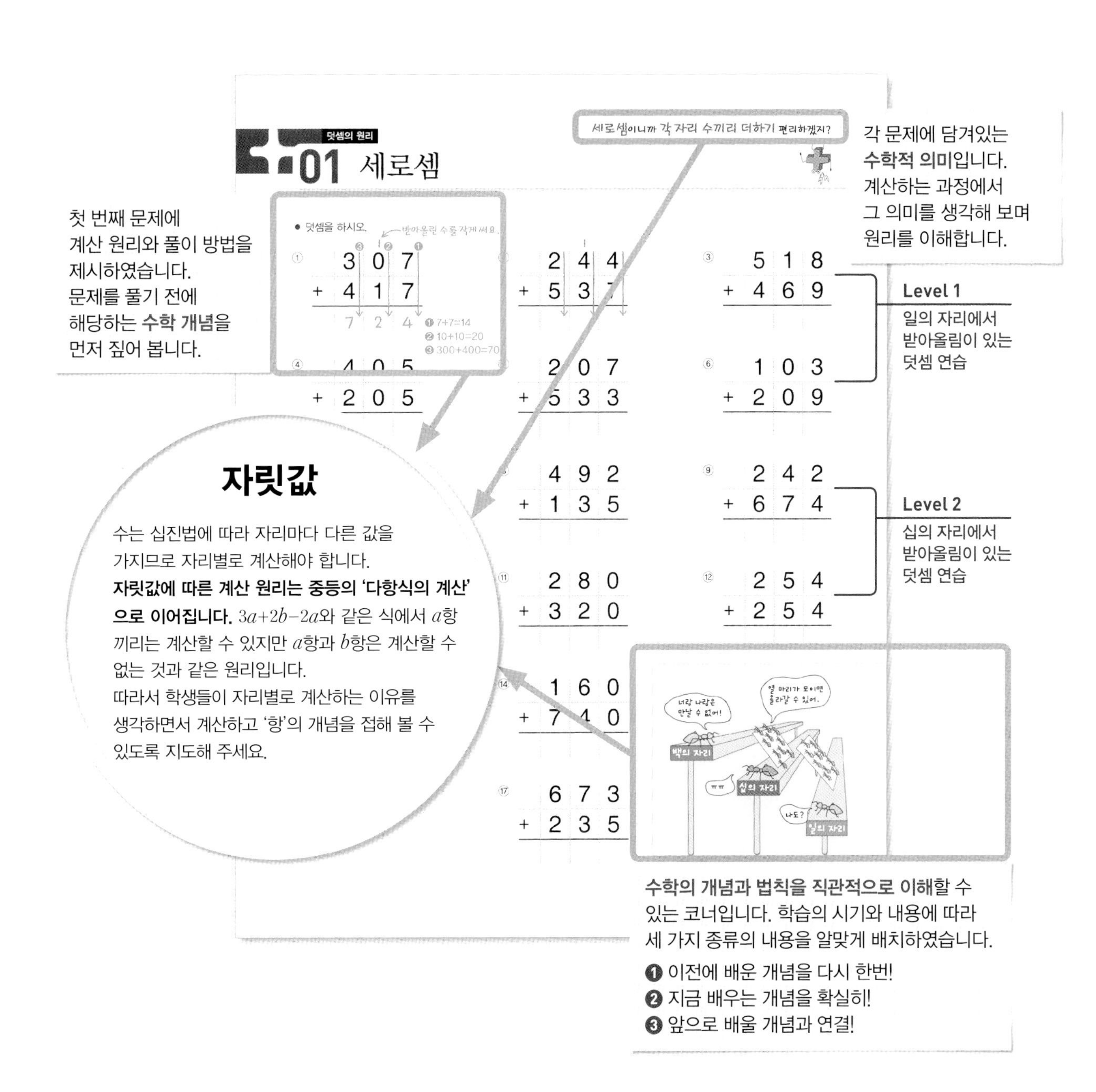

덧셈의 원리
01 세로셈
세로셈이니까 각 자리 수끼리 더하기 편리하겠지?
각 문제에 담겨있는 수학적 의미입니다. 계산하는 과정에서 그 의미를 생각해 보며 원리를 이해합니다.
첫 번째 문제에 계산 원리와 풀이 방법을 제시하였습니다. 문제를 풀기 전에 해당하는 수학 개념을 먼저 짚어 봅니다.
덧셈을 하시오.
받아올린 수를 작게 써요.
❶ 7+7=14
❷ 10+10=20
❸ 300+400=70
Level 1
일의 자리에서 받아올림이 있는 덧셈 연습
Level 2
십의 자리에서 받아올림이 있는 덧셈 연습
자릿값
수는 십진법에 따라 자리마다 다른 값을 가지므로 자리별로 계산해야 합니다.
자릿값에 따른 계산 원리는 중등의 '다항식의 계산'으로 이어집니다. $3a+2b-2a$와 같은 식에서 a항끼리는 계산할 수 있지만 a항과 b항은 계산할 수 없는 것과 같은 원리입니다.
따라서 학생들이 자리별로 계산하는 이유를 생각하면서 계산하고 '항'의 개념을 접해 볼 수 있도록 지도해 주세요.
너랑 나랑은 만날 수 없어!
열 마리가 모이면 올라갈 수 있어.
백의 자리
십의 자리
일의 자리
ㅠㅠ
나도?
수학의 개념과 법칙을 직관적으로 이해할 수 있는 코너입니다. 학습의 시기와 내용에 따라 세 가지 종류의 내용을 알맞게 배치하였습니다.
❶ 이전에 배운 개념을 다시 한번!
❷ 지금 배우는 개념을 확실히!
❸ 앞으로 배울 개념과 연결!

수학적 연산 분류에 따른 전체 학습 설계

1학년 A

수 감각
덧셈과 뺄셈의 원리
덧셈과 뺄셈의 성질
덧셈과 뺄셈의 감각

1 수를 가르기하고 모으기하기
2 합이 9까지인 덧셈
3 한 자리 수의 뺄셈
4 덧셈과 뺄셈의 관계
5 10을 가르기하고 모으기하기
6 10의 덧셈과 뺄셈
7 연이은 덧셈, 뺄셈

1학년 B

덧셈과 뺄셈의 원리
덧셈과 뺄셈의 성질
덧셈과 뺄셈의 활용
덧셈과 뺄셈의 감각

1 두 수의 합이 10인 세 수의 덧셈
2 두 수의 차가 10인 세 수의 뺄셈
3 받아올림이 있는 (몇)+(몇)
4 받아내림이 있는 (십몇)−(몇)
5 (몇십)+(몇), (몇)+(몇십)
6 받아올림, 받아내림이 없는 (몇십몇)±(몇)
7 받아올림, 받아내림이 없는 (몇십몇)±(몇십몇)

2학년 A

덧셈과 뺄셈의 원리
덧셈과 뺄셈의 성질
덧셈과 뺄셈의 활용
덧셈과 뺄셈의 감각

1 받아올림이 있는 (몇십몇)+(몇)
2 받아올림이 한 번 있는 (몇십몇)+(몇십몇)
3 받아올림이 두 번 있는 (몇십몇)+(몇십몇)
4 받아내림이 있는 (몇십몇)−(몇)
5 받아내림이 있는 (몇십몇)−(몇십몇)
6 세 수의 계산(1)
7 세 수의 계산(2)

2학년 B

곱셈의 원리
곱셈의 성질
곱셈의 활용
곱셈의 감각

1 곱셈의 기초
2 2, 5단 곱셈구구
3 3, 6단 곱셈구구
4 4, 8단 곱셈구구
5 7, 9단 곱셈구구
6 곱셈구구 종합
7 곱셈구구 활용

수학을 품은 연산 **6B**

디딤돌
연산은
수학이다.

디딤돌

수학적 의미에 따른 연산의 분류

같아 보이지만 완전히 다릅니다!

1. 입체적 학습의 흐름

연산은 수학적 개념을 바탕으로 합니다.
따라서 단순 계산 문제를 반복하는 것이 아니라 원리를 이해하고, 계산 방법을 익히고,
수학적 법칙을 경험해 볼 수 있는 문제를 다양하게 접할 수 있어야 합니다.
연산을 다양한 각도에서 생각해 볼 수 있는 문제들로 계산력을 뛰어넘는 수학 실력을 길러 주세요.

연산

나눗셈의 원리 ▸ 계산 방법 이해

01 뺄셈으로 몫 구하기

본 학습에 들어가기 전에 필요한 도움닫기 문제입니다.
이전에 배운 내용과 연계하거나 단계를 주어 계산 원리를
쉽게 이해할 수 있도록 하였습니다.

나눗셈의 원리 ▸ 계산 방법 이해

02 자연수의 나눗셈으로 고쳐서 계산하기

나눗셈의 원리 ▸ 계산 방법 이해

04 분수가 같은 진분수의 나눗셈

가장 기본적인 계산 문제입니다.
본 학습의 계산 원리를 익힐 수 있도록
충분히 연습합니다.

기존 연산책의 학습 범위

나눗셈의 원리 ▸ 계산 원리 이해

05 다르면서 같은 나눗셈

나눗셈의 원리 ▸ 계산 원리 이해

06 정해진 수로 나누기

연산의 원리, 성질들을 느끼고 활용해 보는 문제입니다.
하나의 연산 원리를 다양한 관점에서 생각해 보고
수학의 개념과 법칙을 이해합니다.

나눗셈의 원리 ▸ 계산 원리 이해

08 계산하지 않고 크기 비교하기

나눗셈의 감각 ▸ 나눗셈의 다양성

09 내가 만드는 나눗셈식

연산의 원리를 바탕으로 수를 다양하게 조작해 보고
추론하여 해결하는 문제입니다. 앞서 학습한 연산의 원리,
성질들을 이용하여 사고력과 수 감각을 기릅니다.

수학

01 뺄셈으로 몫 구하기

● 나눗셈의 몫을 구해 보세요.

① $\frac{4}{5}-\frac{2}{5}-\frac{2}{5}=0$ ➡ $\frac{4}{5}\div\frac{2}{5}=2$

2번

$\frac{4}{5}$에는 $\frac{2}{5}$가 2번 들어 있어요.

② $\frac{2}{3}-\frac{1}{3}-\frac{1}{3}=0$ ➡ $\frac{2}{3}\div\frac{1}{3}=$

③ $\frac{9}{10}-\frac{3}{10}-\frac{3}{10}-\frac{3}{10}=0$ ➡ $\frac{9}{10}\div\frac{3}{10}=$

④ $\frac{6}{11}-\frac{2}{11}-\frac{2}{11}-\frac{2}{11}=0$ ➡ $\frac{6}{11}\div\frac{2}{11}=$

⑤ $\frac{12}{13}-\frac{4}{13}-\frac{4}{13}-\frac{4}{13}=0$ ➡ $\frac{12}{13}\div\frac{4}{13}=$

⑥ $\frac{4}{9}-\frac{1}{9}-\frac{1}{9}-\frac{1}{9}-\frac{1}{9}=0$ ➡ $\frac{4}{9}\div\frac{1}{9}=$

⑦ $\frac{12}{17}-\frac{3}{17}-\frac{3}{17}-\frac{3}{17}-\frac{3}{17}=0$ ➡ $\frac{12}{17}\div\frac{3}{17}=$

⑧ $\frac{10}{21}-\frac{2}{21}-\frac{2}{21}-\frac{2}{21}-\frac{2}{21}-\frac{2}{21}=0$ ➡ $\frac{10}{21}\div\frac{2}{21}=$

분모가 같은 분수의 나눗셈은 분자끼리 나눠.

$\frac{8}{9}-\frac{4}{9}-\frac{4}{9}=0$ ➡ $\frac{8}{9}\div\frac{4}{9}=2$ "$\frac{8}{9}$에서 $\frac{4}{9}$를 2번 뺄 수 있어."

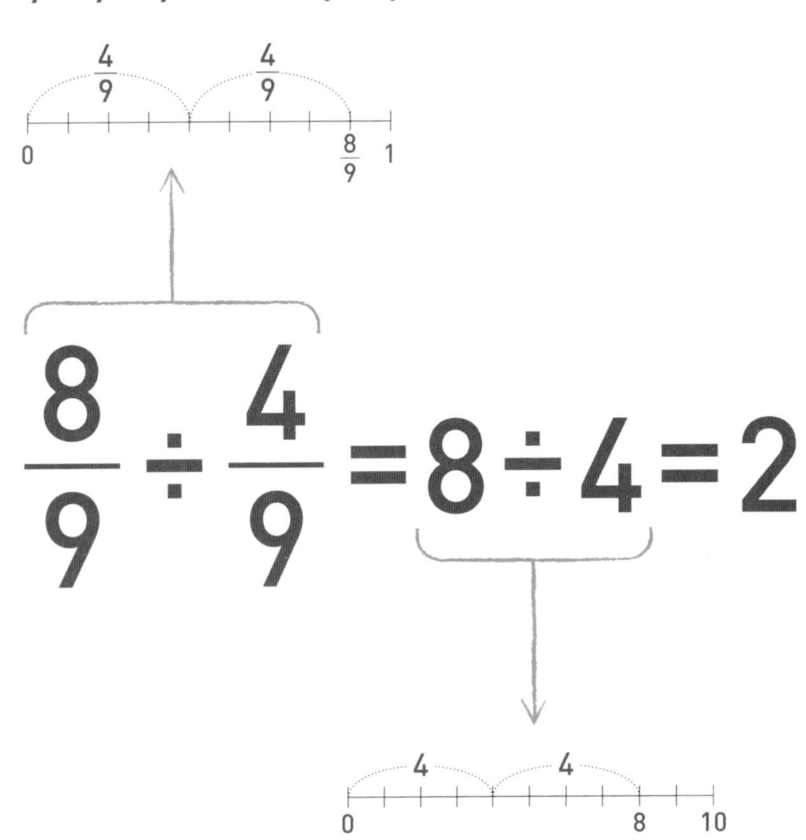

8-4-4=0 ➡ 8÷4=2 "8에서 4를 2번 뺄 수 있어."

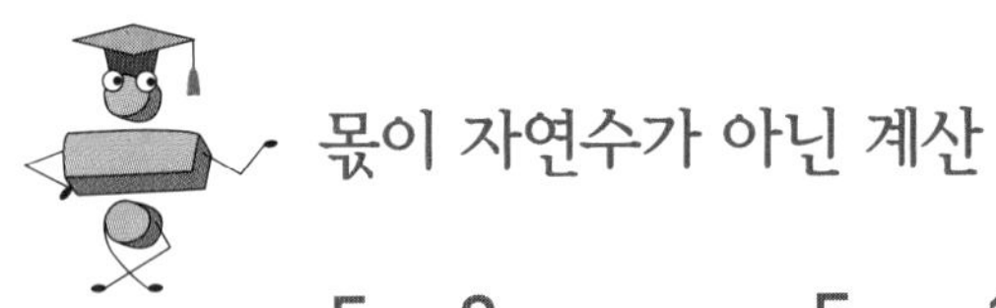

$\frac{5}{7}\div\frac{2}{7}=5\div2=\frac{5}{2}=2\frac{1}{2}$ "자연수끼리 나누어떨어지지 않을 때는 분수로 나타내면 된단다."

분자끼리의 나눗셈으로 고치기

나눗셈을 분수로 고치기

분모가 같은 진분수끼리의 나눗셈

2. 입체적 학습의 구성

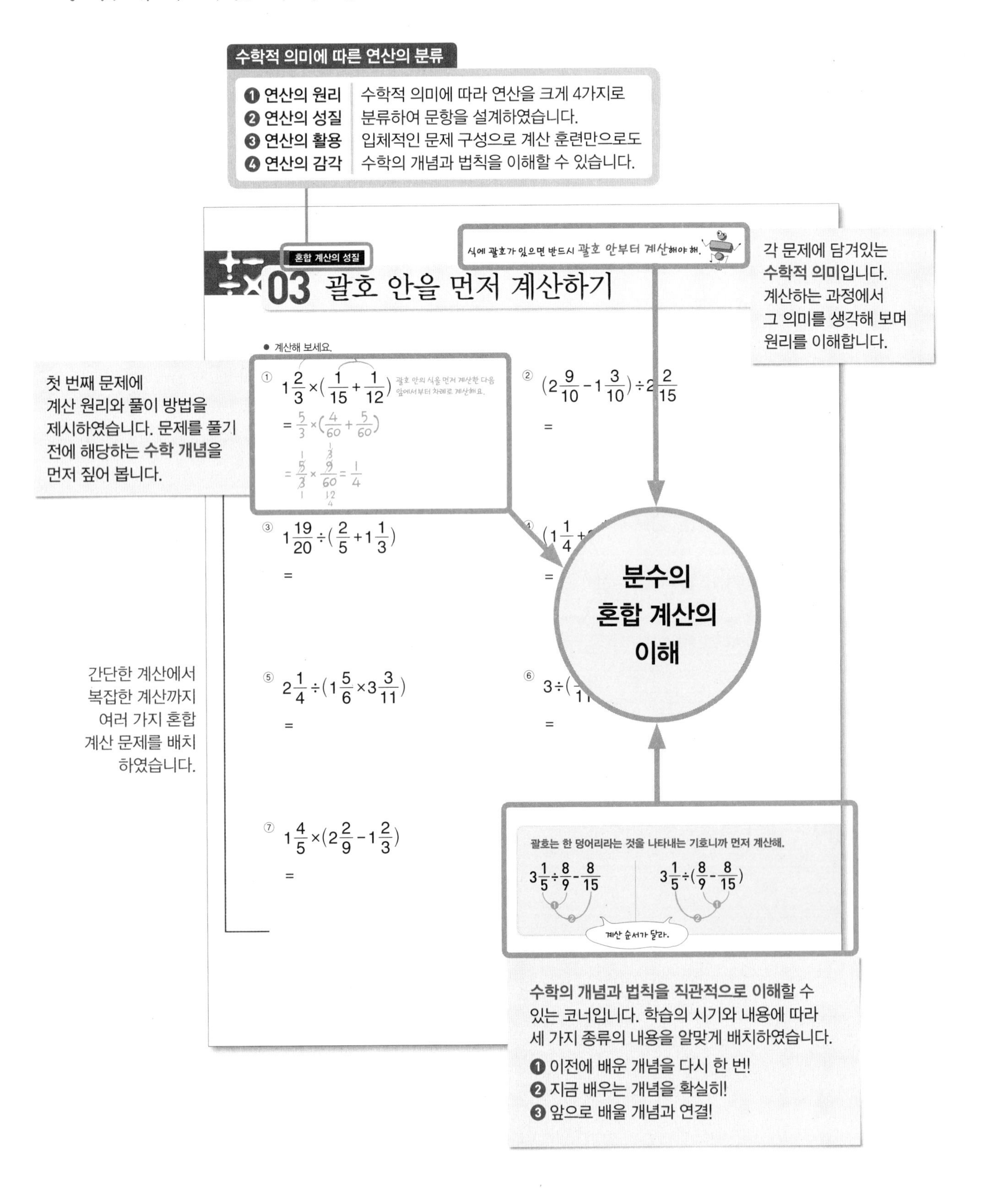

수학적 의미에 따른 연산의 분류

❶ 연산의 원리 ❷ 연산의 성질 ❸ 연산의 활용 ❹ 연산의 감각	수학적 의미에 따라 연산을 크게 4가지로 분류하여 문항을 설계하였습니다. 입체적인 문제 구성으로 계산 훈련만으로도 수학의 개념과 법칙을 이해할 수 있습니다.

혼합 계산의 성질

03 괄호 안을 먼저 계산하기

식에 괄호가 있으면 반드시 괄호 안부터 계산해야 해.

각 문제에 담겨있는 수학적 의미입니다. 계산하는 과정에서 그 의미를 생각해 보며 원리를 이해합니다.

● 계산해 보세요.

첫 번째 문제에 계산 원리와 풀이 방법을 제시하였습니다. 문제를 풀기 전에 해당하는 수학 개념을 먼저 짚어 봅니다.

① $1\frac{2}{3}\times(\frac{1}{15}+\frac{1}{12})$ 괄호 안의 식을 먼저 계산한 다음 앞에서부터 차례로 계산해요.

$=\frac{5}{3}\times(\frac{4}{60}+\frac{5}{60})$

$=\frac{5}{3}\times\frac{9}{60}=\frac{1}{4}$

② $(2\frac{9}{10}-1\frac{3}{10})\div2\frac{2}{15}$

=

③ $1\frac{19}{20}\div(\frac{2}{5}+1\frac{1}{3})$

=

④ $(1\frac{1}{4}+$

=

분수의 혼합 계산의 이해

간단한 계산에서 복잡한 계산까지 여러 가지 혼합 계산 문제를 배치하였습니다.

⑤ $2\frac{1}{4}\div(1\frac{5}{6}\times3\frac{3}{11})$

=

⑥ $3\div($

=

⑦ $1\frac{4}{5}\times(2\frac{2}{9}-1\frac{2}{3})$

=

괄호는 한 덩어리라는 것을 나타내는 기호니까 먼저 계산해.

$3\frac{1}{5}\div\frac{8}{9}-\frac{8}{15}$ (❶ ÷, ❷ −)

$3\frac{1}{5}\div(\frac{8}{9}-\frac{8}{15})$ (❶ −, ❷ ÷)

계산 순서가 달라.

수학의 개념과 법칙을 직관적으로 이해할 수 있는 코너입니다. 학습의 시기와 내용에 따라 세 가지 종류의 내용을 알맞게 배치하였습니다.

❶ 이전에 배운 개념을 다시 한 번!
❷ 지금 배우는 개념을 확실히!
❸ 앞으로 배울 개념과 연결!

나누는 수만큼씩 묶어서 생각해 봐.

02 자연수의 나눗셈으로 고쳐서 계산하기

● 빈칸에 알맞은 수를 써 보세요.

①

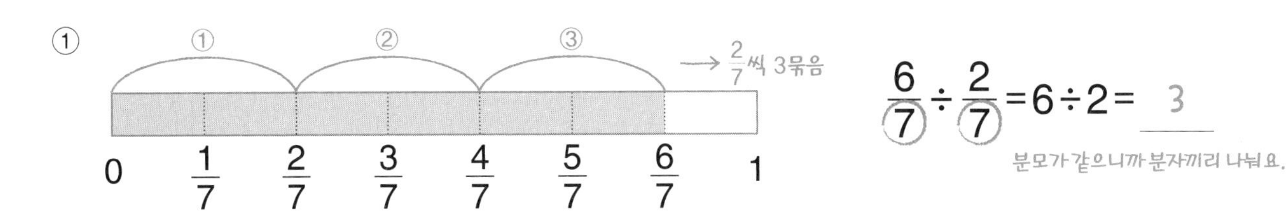

$\frac{6}{7} \div \frac{2}{7} = 6 \div 2 =$ 3

분모가 같으니까 분자끼리 나눠요.

②

0 $\frac{1}{9}$ $\frac{2}{9}$ $\frac{3}{9}$ $\frac{4}{9}$ $\frac{5}{9}$ $\frac{6}{9}$ $\frac{7}{9}$ $\frac{8}{9}$ 1

$\frac{8}{9} \div \frac{2}{9} = 8 \div$ ___ = ___

③

0 $\frac{1}{10}$ $\frac{2}{10}$ $\frac{3}{10}$ $\frac{4}{10}$ $\frac{5}{10}$ $\frac{6}{10}$ $\frac{7}{10}$ $\frac{8}{10}$ $\frac{9}{10}$ 1

$\frac{9}{10} \div \frac{3}{10} =$ ___ ÷ ___ = ___

④

0 $\frac{1}{11}$ $\frac{2}{11}$ $\frac{3}{11}$ $\frac{4}{11}$ $\frac{5}{11}$ $\frac{6}{11}$ $\frac{7}{11}$ $\frac{8}{11}$ $\frac{9}{11}$ $\frac{10}{11}$ 1

$\frac{10}{11} \div \frac{5}{11} =$ ___ ÷ ___ = ___

⑤

0 $\frac{1}{5}$ $\frac{2}{5}$ $\frac{3}{5}$ $\frac{4}{5}$ 1

$\frac{4}{5} \div \frac{2}{5} =$ ___ ÷ ___ = ___

⑥

0 $\frac{1}{8}$ $\frac{2}{8}$ $\frac{3}{8}$ $\frac{4}{8}$ $\frac{5}{8}$ $\frac{6}{8}$ $\frac{7}{8}$ 1

$\frac{6}{8} \div \frac{3}{8} =$ ___ ÷ ___ = ___

분수를 단위분수의 개수로 나타내 봐.

03 단위분수의 개수로 나누기

● 빈칸에 알맞은 수를 써 보세요.

① $\frac{6}{7}$은 $\frac{1}{7}$이 (6)개, $\frac{3}{7}$은 $\frac{1}{7}$이 (3)개

$\frac{6}{7} \div \frac{3}{7} = 6 \div$ (3) = (2)

단위분수의 개수로 나눠요.

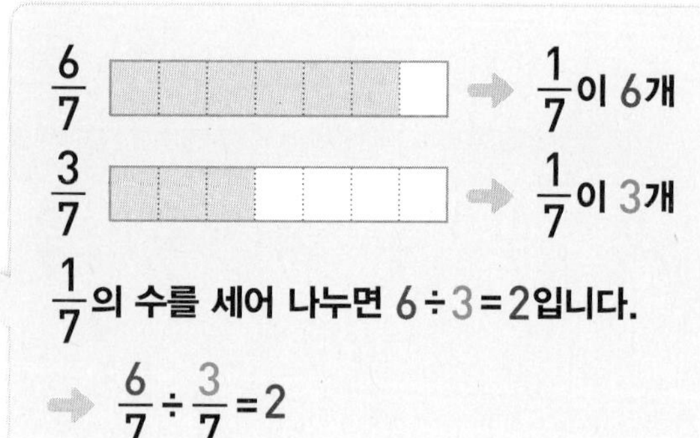

$\frac{6}{7}$ → $\frac{1}{7}$이 6개
$\frac{3}{7}$ → $\frac{1}{7}$이 3개
$\frac{1}{7}$의 수를 세어 나누면 6÷3=2입니다.
→ $\frac{6}{7} \div \frac{3}{7} = 2$

② $\frac{4}{5}$는 $\frac{1}{5}$이 ___개, $\frac{2}{5}$는 $\frac{1}{5}$이 ___개

$\frac{4}{5} \div \frac{2}{5} =$ ___ ÷ ___ = ___

③ $\frac{9}{11}$는 $\frac{1}{11}$이 ___개, $\frac{3}{11}$은 $\frac{1}{11}$이 ___개

$\frac{9}{11} \div \frac{3}{11} =$ ___ ÷ ___ = ___

④ $\frac{4}{7}$는 $\frac{1}{7}$이 ___개, $\frac{6}{7}$은 $\frac{1}{7}$이 ___개

$\frac{4}{7} \div \frac{6}{7} =$ ___ ÷ ___ = ___ = ___

⑤ $\frac{7}{8}$은 $\frac{1}{8}$이 ___개, $\frac{3}{8}$은 $\frac{1}{8}$이 ___개

$\frac{7}{8} \div \frac{3}{8} =$ ___ ÷ ___ = ___ = ___

⑥ $\frac{5}{9}$는 $\frac{1}{9}$이 ___개

$\frac{4}{9}$는 $\frac{1}{9}$이 ___개

$\frac{5}{9} \div \frac{4}{9} =$ ___ $\div$ ___ $= \frac{\quad}{\quad} = \frac{\quad}{\quad}$

⑦ $\frac{9}{10}$는 $\frac{1}{10}$이 ___개

$\frac{4}{10}$는 $\frac{1}{10}$이 ___개

$\frac{9}{10} \div \frac{4}{10} =$ ___ $\div$ ___ $= \frac{\quad}{\quad} = \frac{\quad}{\quad}$

⑧ $\frac{8}{11}$은 $\frac{1}{11}$이 ___개

$\frac{3}{11}$은 $\frac{1}{11}$이 ___개

$\frac{8}{11} \div \frac{3}{11} =$ ___ $\div$ ___ $= \frac{\quad}{\quad} = \frac{\quad}{\quad}$

⑨ $\frac{4}{13}$는 $\frac{1}{13}$이 ___개

$\frac{10}{13}$은 $\frac{1}{13}$이 ___개

$\frac{4}{13} \div \frac{10}{13} =$ ___ $\div$ ___ $= \frac{\quad}{\quad} = \frac{\quad}{\quad}$

⑩ $\frac{8}{17}$은 $\frac{1}{17}$이 ___개

$\frac{12}{17}$는 $\frac{1}{17}$이 ___개

$\frac{8}{17} \div \frac{12}{17} =$ ___ $\div$ ___ $= \frac{\quad}{\quad} = \frac{\quad}{\quad}$

분모가 같은 분수임을 생각해서 나눗셈을 해 봐.

04 분모가 같은 진분수의 나눗셈

● 나눗셈의 몫을 구해 보세요.

① $\frac{5}{6} \div \frac{1}{6} = 5 \div 1 = 5$

분모가 같으니까 분자끼리 나눠요.

② $\frac{7}{8} \div \frac{1}{8} =$

③ $\frac{4}{5} \div \frac{2}{5} =$

④ $\frac{9}{10} \div \frac{3}{10} =$

⑤ $\frac{1}{7} \div \frac{3}{7} = 1 \div 3 = \frac{1}{3}$

⑥ $\frac{12}{13} \div \frac{2}{13} =$

⑦ $\frac{5}{16} \div \frac{15}{16} =$

⑧ $\frac{1}{12} \div \frac{5}{12} =$

⑨ $\frac{4}{15} \div \frac{8}{15} =$

⑩ $\frac{9}{20} \div \frac{19}{20} =$

⑪ $\frac{2}{9} \div \frac{7}{9} =$

⑫ $\frac{20}{23} \div \frac{8}{23} =$

⑬ $\frac{3}{19} \div \frac{12}{19} =$

⑭ $\frac{7}{11} \div \frac{2}{11} =$

⑮ $\frac{4}{21} \div \frac{14}{21} =$

⑯ $\frac{12}{17} \div \frac{4}{17} =$

⑰ $\frac{1}{11} \div \frac{5}{11} =$

⑱ $\frac{2}{9} \div \frac{5}{9} =$

⑲ $\frac{6}{13} \div \frac{9}{13} =$

⑳ $\frac{14}{15} \div \frac{7}{15} =$

㉑ $\frac{10}{17} \div \frac{3}{17} =$

㉒ $\frac{4}{7} \div \frac{6}{7} =$

㉓ $\frac{24}{35} \div \frac{8}{35} =$

㉔ $\frac{3}{34} \div \frac{5}{34} =$

㉕ $\frac{14}{45} \div \frac{32}{45} =$

㉖ $\frac{3}{19} \div \frac{2}{19} =$

㉗ $\frac{7}{25} \div \frac{21}{25} =$

㉘ $\frac{11}{31} \div \frac{22}{31} =$

㉙ $\frac{18}{29} \div \frac{5}{29} =$

㉚ $\frac{9}{32} \div \frac{5}{32} =$

㉛ $\frac{22}{37} \div \frac{4}{37} =$

㉜ $\frac{3}{26} \div \frac{21}{26} =$

분모가 같은 분수임을 생각해서 나눗셈을 해 봐.

㉝ $\frac{8}{19} \div \frac{3}{19} =$

㉞ $\frac{3}{11} \div \frac{6}{11} =$

㉟ $\frac{3}{10} \div \frac{7}{10} =$

㊱ $\frac{20}{21} \div \frac{5}{21} =$

㊲ $\frac{11}{23} \div \frac{6}{23} =$

㊳ $\frac{12}{17} \div \frac{14}{17} =$

㊴ $\frac{1}{22} \div \frac{5}{22} =$

㊵ $\frac{5}{27} \div \frac{20}{27} =$

㊶ $\frac{13}{29} \div \frac{26}{29} =$

㊷ $\frac{10}{33} \div \frac{4}{33} =$

㊸ $\frac{4}{45} \div \frac{14}{45} =$

㊹ $\frac{2}{85} \div \frac{9}{85} =$

㊺ $\frac{8}{31} \div \frac{24}{31} =$

㊻ $\frac{30}{47} \div \frac{45}{47} =$

㊼ $\frac{28}{61} \div \frac{13}{61} =$

㊽ $\frac{32}{49} \div \frac{18}{49} =$

식이 다른데 결과가 같은 이유가 뭘까?

05 다르면서 같은 나눗셈

● 나눗셈의 몫을 구해 보세요.

① $\frac{8}{11} \div \frac{2}{11} = 8 \div 2 = 4$

$\frac{8}{13} \div \frac{2}{13} = 8 \div 2 = 4$

$\frac{8}{15} \div \frac{2}{15} = 8 \div 2 = 4$

분자끼리 나눈 몫은 모두 같아요.

② $\frac{6}{7} \div \frac{3}{7} =$

$\frac{6}{11} \div \frac{3}{11} =$

$\frac{6}{19} \div \frac{3}{19} =$

③ $\frac{6}{8} \div \frac{2}{8} =$

$\frac{6}{11} \div \frac{2}{11} =$

$\frac{6}{17} \div \frac{2}{17} =$

④ $\frac{4}{5} \div \frac{2}{5} =$

$\frac{4}{9} \div \frac{2}{9} =$

$\frac{4}{11} \div \frac{2}{11} =$

⑤ $\frac{12}{13} \div \frac{2}{13} =$

$\frac{12}{17} \div \frac{2}{17} =$

$\frac{12}{25} \div \frac{2}{25} =$

⑥ $\frac{8}{9} \div \frac{2}{9} =$

$\frac{8}{13} \div \frac{2}{13} =$

$\frac{8}{17} \div \frac{2}{17} =$

⑦ $\frac{1}{4} \div \frac{3}{4} = 1 \div 3 = \frac{1}{3}$

$\frac{1}{10} \div \frac{3}{10} = 1 \div 3 = \frac{1}{3}$

$\frac{1}{16} \div \frac{3}{16} = 1 \div 3 = \frac{1}{3}$

⑧ $\frac{2}{9} \div \frac{8}{9} =$

$\frac{2}{13} \div \frac{8}{13} =$

$\frac{2}{21} \div \frac{8}{21} =$

⑨ $\frac{3}{11} \div \frac{6}{11} =$

$\frac{1}{15} \div \frac{2}{15} =$

$\frac{11}{25} \div \frac{22}{25} =$

⑩ $\frac{5}{13} \div \frac{6}{13} =$

$\frac{10}{17} \div \frac{12}{17} =$

$\frac{15}{41} \div \frac{18}{41} =$

⑪ $\frac{7}{10} \div \frac{3}{10} =$

$\frac{14}{19} \div \frac{6}{19} =$

$\frac{21}{22} \div \frac{9}{22} =$

⑫ $\frac{9}{11} \div \frac{6}{11} =$

$\frac{6}{17} \div \frac{4}{17} =$

$\frac{12}{23} \div \frac{8}{23} =$

나누어지는 수가 변할 때 몫은 어떻게 변하는지 살펴봐.

06 정해진 수로 나누기

● 주어진 수로 나누어 몫을 구해 보세요.

① $\frac{1}{9}$로 나누어 보세요.

나누는 수가 같을 때

$\frac{8}{9}$ $\div \frac{1}{9} = 8 \div 1 = 8$

$\frac{7}{9}$ $\div \frac{1}{9} = 7 \div 1 = 7$

$\frac{5}{9}$ ______

나누어지는 수가 작아지면 몫도 작아져요.

② $\frac{2}{7}$로 나누어 보세요.

$\frac{6}{7}$ ______　　$\frac{4}{7}$ ______　　$\frac{2}{7}$ ______

③ $\frac{2}{13}$로 나누어 보세요.

$\frac{10}{13}$ ______　　$\frac{8}{13}$ ______　　$\frac{6}{13}$ ______

④ $\frac{4}{11}$로 나누어 보세요.

$\frac{8}{11}$ ______　　$\frac{4}{11}$ ______　　$\frac{1}{11}$ ______

⑤ $\frac{7}{15}$로 나누어 보세요.

$\frac{14}{15}$ ______　　$\frac{7}{15}$ ______　　$\frac{4}{15}$ ______

⑥ $\frac{2}{19}$로 나누어 보세요.

$\frac{10}{19}$ ______ $\frac{6}{19}$ ______ $\frac{3}{19}$ ______

⑦ $\frac{3}{13}$으로 나누어 보세요.

$\frac{12}{13}$ ______ $\frac{9}{13}$ ______ $\frac{2}{13}$ ______

⑧ $\frac{6}{17}$으로 나누어 보세요.

$\frac{18}{17}$ ______ $\frac{12}{17}$ ______ $\frac{3}{17}$ ______

⑨ $\frac{10}{31}$으로 나누어 보세요.

$\frac{20}{31}$ ______ $\frac{12}{31}$ ______ $\frac{2}{31}$ ______

⑩ $\frac{5}{33}$로 나누어 보세요.

$\frac{25}{33}$ ______ $\frac{10}{33}$ ______ $\frac{1}{33}$ ______

나누어지는 수와 나누는 수를 바꾸면 몫이 어떻게 달라질까?

07 바꾸어 나누기

● 나눗셈의 몫을 구해 보세요.

① $\frac{1}{9} \div \frac{5}{9} = 1 \div 5 = \frac{1}{5}$

$\frac{5}{9} \div \frac{1}{9} = 5 \div 1 = 5$

두 수를 바꾸어 나누면 몫의 분모와 분자가 바뀌어요.

② $\frac{4}{5} \div \frac{2}{5} =$

$\frac{2}{5} \div \frac{4}{5} =$

③ $\frac{6}{7} \div \frac{3}{7} =$

$\frac{3}{7} \div \frac{6}{7} =$

④ $\frac{2}{13} \div \frac{6}{13} =$

$\frac{6}{13} \div \frac{2}{13} =$

⑤ $\frac{8}{15} \div \frac{14}{15} =$

$\frac{14}{15} \div \frac{8}{15} =$

⑥ $\frac{9}{19} \div \frac{5}{19} =$

$\frac{5}{19} \div \frac{9}{19} =$

⑦ $\frac{20}{27} \div \frac{4}{27} =$

$\frac{4}{27} \div \frac{20}{27} =$

⑧ $\frac{18}{35} \div \frac{32}{35} =$

$\frac{32}{35} \div \frac{18}{35} =$

나눗셈의 원리

두 식의 수를 잘 살펴봐. 계산하지 않아도 알 수 있겠지?

08 계산하지 않고 크기 비교하기

● 계산하지 않고 크기를 비교하여 ○ 안에 >, <를 써 보세요.

① $\frac{8}{9} \div \frac{1}{9}$ (>) $\frac{4}{9} \div \frac{1}{9}$

나누어지는 수가 큰 쪽의 몫이 더 커요.

② $\frac{3}{7} \div \frac{2}{7}$ ○ $\frac{5}{7} \div \frac{2}{7}$

③ $\frac{8}{13} \div \frac{2}{13}$ ○ $\frac{9}{13} \div \frac{2}{13}$

④ $\frac{8}{11} \div \frac{3}{11}$ ○ $\frac{7}{11} \div \frac{3}{11}$

⑤ $\frac{9}{19} \div \frac{6}{19}$ ○ $\frac{5}{19} \div \frac{6}{19}$

⑥ $\frac{21}{23} \div \frac{8}{23}$ ○ $\frac{19}{23} \div \frac{8}{23}$

⑦ $\frac{5}{9} \div \frac{1}{9}$ ○ $\frac{5}{9} \div \frac{2}{9}$

나누는 수가 큰 쪽의 몫이 더 작아요.

⑧ $\frac{8}{15} \div \frac{4}{15}$ ○ $\frac{8}{15} \div \frac{7}{15}$

⑨ $\frac{15}{17} \div \frac{2}{17}$ ○ $\frac{15}{17} \div \frac{10}{17}$

⑩ $\frac{13}{22} \div \frac{15}{22}$ ○ $\frac{13}{22} \div \frac{7}{22}$

⑪ $\frac{23}{24} \div \frac{19}{24}$ ○ $\frac{23}{24} \div \frac{9}{24}$

⑫ $\frac{16}{29} \div \frac{6}{29}$ ○ $\frac{16}{29} \div \frac{8}{29}$

답이 될 수 있는 나눗셈식을 여러 가지로 생각해 봐.

09 내가 만드는 나눗셈식

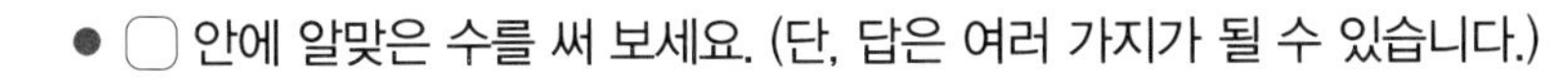

● ▢ 안에 알맞은 수를 써 보세요. (단, 답은 여러 가지가 될 수 있습니다.)

① 예 $\frac{\boxed{4}}{7} \div \frac{\boxed{2}}{7} = 2$ 나누어서 2가 되는 수를 찾아요. $\frac{6}{7} \div \frac{3}{7}$도 답이 될 수 있어요.

② $\frac{\square}{11} \div \frac{\square}{11} = 3$

③ $\frac{\square}{15} \div \frac{\square}{15} = 4$

④ $\frac{\square}{25} \div \frac{\square}{25} = 3$

⑤ $\frac{\square}{17} \div \frac{\square}{17} = 5$

⑥ $\frac{\square}{19} \div \frac{\square}{19} = 1$

⑦ $\frac{\square}{13} \div \frac{\square}{13} = \frac{1}{3}$

⑧ $\frac{\square}{9} \div \frac{\square}{9} = \frac{1}{2}$

⑨ $\frac{\square}{21} \div \frac{\square}{21} = \frac{1}{4}$

⑩ $\frac{\square}{37} \div \frac{\square}{37} = \frac{3}{4}$

⑪ $\frac{\square}{8} \div \frac{\square}{8} = 1\frac{2}{3}$ 가분수로 바꾸어 생각해요.

⑫ $\frac{\square}{11} \div \frac{\square}{11} = 1\frac{1}{2}$

⑬ $\frac{\square}{23} \div \frac{\square}{23} = 1\frac{1}{3}$

⑭ $\frac{\square}{31} \div \frac{\square}{31} = 2\frac{1}{2}$

분모가 다른 진분수끼리의 나눗셈

나누는 수의 분모와 분자를 바꿔서 곱해.

$$\frac{1}{3} \div \frac{2}{5} = \frac{1}{3} \times \frac{5}{2} = \frac{5}{6}$$

● 분모를 같게 만들어 계산하기

$$\frac{1}{3} \div \frac{2}{5} = \frac{1\times5}{3\times5} \div \frac{2\times3}{5\times3}$$

$$= (1\times5) \div (2\times3)$$

$$= \frac{1\times5}{2\times3}$$

$$= \frac{1\times5}{3\times2}$$

$$= \frac{1}{3} \times \frac{5}{2}$$

$$= \frac{5}{6}$$

"이 과정을 생략하면 간단히 계산할 수 있어."

● 나누는 수를 1로 만들어 계산하기

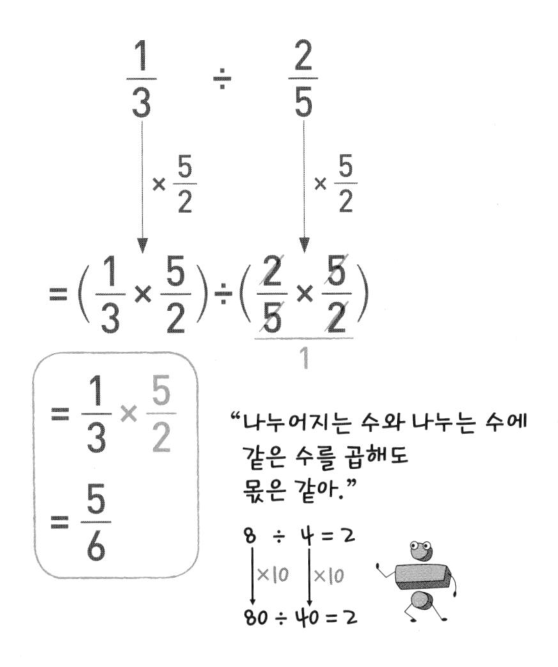

$$\frac{1}{3} \div \frac{2}{5}$$

$$\downarrow \times\frac{5}{2} \qquad \downarrow \times\frac{5}{2}$$

$$= \left(\frac{1}{3} \times \frac{5}{2}\right) \div \left(\frac{2}{5} \times \frac{5}{2}\right)$$

$$\left(\frac{2}{5} \times \frac{5}{2} = 1\right)$$

$$= \frac{1}{3} \times \frac{5}{2}$$

$$= \frac{5}{6}$$

"나누어지는 수와 나누는 수에
같은 수를 곱해도
몫은 같아."
8 ÷ 4 = 2
×10 ×10
80 ÷ 40 = 2

분모가 같은 분수의 나눗셈으로 고쳐서 계산해 봐.

01 분모를 같게 만들어 계산하기

● 분모를 통분하여 빈칸에 알맞은 수를 써 보세요.

① $\frac{3}{5} \div \frac{4}{7} = \frac{21}{35} \div \frac{20}{35} = 21 \div 20 = \frac{21}{20} = 1\frac{1}{20}$

❶ 통분하여 분모를 같게 만든 후 ❷ 분자끼리 나눠요.

② $\frac{1}{2} \div \frac{1}{9} = \frac{\square}{18} \div \frac{\square}{18} = \_\_\_ \div \_\_\_ = \_\_\_ = \_\_\_$

③ $\frac{1}{6} \div \frac{4}{5} = \frac{\square}{30} \div \frac{\square}{30} = \_\_\_ \div \_\_\_ = \_\_\_$

④ $\frac{5}{7} \div \frac{3}{4} = \frac{\square}{28} \div \frac{\square}{28} = \_\_\_ \div \_\_\_ = \_\_\_$

⑤ $\frac{2}{9} \div \frac{7}{15} = \frac{\square}{45} \div \frac{\square}{45} = \_\_\_ \div \_\_\_ = \_\_\_$

⑥ $\frac{1}{12} \div \frac{5}{7} = \frac{\square}{84} \div \frac{\square}{84} = \_\_\_ \div \_\_\_ = \_\_\_$

⑦ $\frac{7}{18} \div \frac{5}{6} = \frac{\square}{18} \div \frac{\square}{18} = \_\_\_ \div \_\_\_ = \_\_\_$

분모를 같게 만들어 계산하는 과정을 생략한 거야.

02 곱셈으로 고쳐서 계산하기

● 나눗셈을 곱셈으로 고쳐서 빈칸에 알맞은 수를 써 보세요.

분모와 분자를 바꾸어 곱해요.

① $\frac{7}{10} \div \frac{14}{15} = \frac{7}{10} \times \frac{15}{14} = \frac{3}{4}$

$\frac{7}{10} \div \frac{14}{15} = \frac{7}{10} \times \frac{15}{14} = \frac{3}{4}$ 과정을 생략하면 간단해.

$\frac{7\times15}{10\times15} \div \frac{14\times10}{15\times10} = \frac{7\times15}{14\times10} =$

② $\frac{1}{3} \div \frac{1}{9} = \frac{1}{3} \times \underline{\quad} = \underline{\quad}$

③ $\frac{5}{8} \div \frac{5}{7} = \frac{5}{8} \times \underline{\quad} = \underline{\quad}$

④ $\frac{9}{10} \div \frac{6}{7} = \frac{9}{10} \times \underline{\quad} = \underline{\quad}$

⑤ $\frac{5}{7} \div \frac{1}{2} = \frac{5}{7} \times \underline{\quad} = \underline{\quad}$

⑥ $\frac{7}{12} \div \frac{2}{9} = \frac{7}{12} \times \underline{\quad} = \underline{\quad}$

⑦ $\frac{2}{15} \div \frac{2}{5} = \frac{2}{15} \times \underline{\quad} = \underline{\quad}$

⑧ $\frac{5}{13} \div \frac{10}{17} = \frac{5}{13} \times \underline{\quad} = \underline{\quad}$

⑨ $\frac{7}{24} \div \frac{7}{16} = \frac{7}{24} \times \underline{\quad} = \underline{\quad}$

⑩ $\frac{7}{20} \div \frac{14}{15} = \frac{7}{20} \times \underline{\quad} = \underline{\quad}$

⑪ $\frac{15}{19} \div \frac{5}{38} = \frac{15}{19} \times \underline{\quad} = \underline{\quad}$

⑫ $\frac{3}{25} \div \frac{2}{5} = \frac{3}{25} \times \underline{\quad} = \underline{\quad}$

⑬ $\frac{11}{18} \div \frac{1}{6} = \frac{11}{18} \times \underline{\quad} = \underline{\quad}$

⑭ $\frac{2}{35} \div \frac{9}{14} = \frac{2}{35} \times \underline{\quad} = \underline{\quad}$

⑮ $\frac{8}{49} \div \frac{4}{21} = \frac{8}{49} \times \underline{\quad} = \underline{\quad}$

⑯ $\frac{3}{5} \div \frac{9}{14} = \frac{3}{5} \times \underline{\qquad} = \underline{\qquad}$

⑰ $\frac{5}{7} \div \frac{8}{9} = \frac{5}{7} \times \underline{\qquad} = \underline{\qquad}$

⑱ $\frac{1}{8} \div \frac{5}{6} = \frac{1}{8} \times \underline{\qquad} = \underline{\qquad}$

⑲ $\frac{2}{9} \div \frac{1}{8} = \frac{2}{9} \times \underline{\qquad} = \underline{\qquad}$

⑳ $\frac{7}{12} \div \frac{7}{15} = \frac{7}{12} \times \underline{\qquad} = \underline{\qquad}$

㉑ $\frac{7}{16} \div \frac{7}{20} = \frac{7}{16} \times \underline{\qquad} = \underline{\qquad}$

㉒ $\frac{5}{18} \div \frac{15}{16} = \frac{5}{18} \times \underline{\qquad} = \underline{\qquad}$

㉓ $\frac{10}{13} \div \frac{25}{39} = \frac{10}{13} \times \underline{\qquad} = \underline{\qquad}$

㉔ $\frac{1}{24} \div \frac{1}{2} = \frac{1}{24} \times \underline{\qquad} = \underline{\qquad}$

㉕ $\frac{15}{22} \div \frac{8}{33} = \frac{15}{22} \times \underline{\qquad} = \underline{\qquad}$

㉖ $\frac{1}{30} \div \frac{1}{18} = \frac{1}{30} \times \underline{\qquad} = \underline{\qquad}$

㉗ $\frac{11}{27} \div \frac{4}{9} = \frac{11}{27} \times \underline{\qquad} = \underline{\qquad}$

㉘ $\frac{32}{35} \div \frac{8}{15} = \frac{32}{35} \times \underline{\qquad} = \underline{\qquad}$

㉙ $\frac{7}{33} \div \frac{9}{11} = \frac{7}{33} \times \underline{\qquad} = \underline{\qquad}$

㉚ $\frac{11}{32} \div \frac{3}{28} = \frac{11}{32} \times \underline{\qquad} = \underline{\qquad}$

㉛ $\frac{5}{39} \div \frac{15}{26} = \frac{5}{39} \times \underline{\qquad} = \underline{\qquad}$

분수의 나눗셈을 분수의 곱셈으로 고쳐서 계산해 봐.

03 분모가 다른 진분수의 나눗셈

● 나눗셈의 몫을 구해 보세요.

① $\frac{1}{3} \div \frac{1}{6} = \frac{1}{3} \times 6 = 2$

분모와 분자를 바꾸어 곱해요.

② $\frac{6}{7} \div \frac{9}{14} =$

③ $\frac{2}{5} \div \frac{8}{25} =$

④ $\frac{5}{6} \div \frac{1}{3} =$

⑤ $\frac{1}{8} \div \frac{5}{6} =$

⑥ $\frac{1}{3} \div \frac{3}{8} =$

⑦ $\frac{7}{9} \div \frac{5}{6} =$

⑧ $\frac{2}{5} \div \frac{3}{4} =$

⑨ $\frac{7}{8} \div \frac{6}{7} =$

⑩ $\frac{5}{12} \div \frac{15}{16} =$

⑪ $\frac{7}{10} \div \frac{14}{25} =$

⑫ $\frac{8}{15} \div \frac{24}{35} =$

⑬ $\frac{11}{14} \div \frac{11}{42} =$

⑭ $\frac{12}{35} \div \frac{9}{28} =$

⑮ $\frac{15}{22} \div \frac{5}{18} =$

⑯ $\frac{11}{39} \div \frac{1}{13} =$

⑰ $\frac{13}{20} \div \frac{5}{12} =$

⑱ $\frac{18}{23} \div \frac{9}{11} =$

⑲ $\frac{2}{5} \div \frac{8}{13} =$

⑳ $\frac{1}{6} \div \frac{10}{11} =$

㉑ $\frac{1}{2} \div \frac{1}{13} =$

㉒ $\frac{2}{3} \div \frac{1}{2} =$

㉓ $\frac{3}{5} \div \frac{3}{4} =$

㉔ $\frac{1}{7} \div \frac{1}{14} =$

㉕ $\frac{4}{7} \div \frac{8}{35} =$

㉖ $\frac{5}{19} \div \frac{10}{11} =$

㉗ $\frac{4}{9} \div \frac{3}{5} =$

㉘ $\frac{8}{9} \div \frac{11}{12} =$

㉙ $\frac{7}{15} \div \frac{7}{9} =$

㉚ $\frac{5}{16} \div \frac{10}{13} =$

㉛ $\frac{16}{17} \div \frac{8}{9} =$

㉜ $\frac{11}{27} \div \frac{4}{9} =$

분수끼리 나눴는데 몫이 왜 자연수지?

$\frac{1}{2} \div \frac{1}{4}$ ➡ $\frac{1}{2} - \underbrace{\frac{1}{4} - \frac{1}{4}}_{2번} = 0$ ➡ $\frac{1}{2} \div \frac{1}{4} = 2$

➡ $\frac{1}{2}$에 $\frac{1}{4}$이 2번 들어가니까.

㉝ $\frac{7}{16} \div \frac{21}{32} =$

㉞ $\frac{14}{45} \div \frac{49}{60} =$

㉟ $\frac{1}{4} \div \frac{1}{8} =$

㊱ $\frac{1}{18} \div \frac{7}{27} =$

㊲ $\frac{2}{5} \div \frac{3}{7} =$

㊳ $\frac{1}{3} \div \frac{14}{27} =$

㊴ $\frac{9}{10} \div \frac{1}{20} =$

㊵ $\frac{3}{7} \div \frac{13}{17} =$

㊶ $\frac{9}{13} \div \frac{18}{19} =$

㊷ $\frac{7}{8} \div \frac{6}{11} =$

㊸ $\frac{2}{7} \div \frac{5}{8} =$

㊹ $\frac{8}{9} \div \frac{3}{4} =$

㊺ $\frac{5}{12} \div \frac{5}{7} =$

㊻ $\frac{3}{14} \div \frac{8}{35} =$

㊼ $\frac{7}{33} \div \frac{9}{11} =$

㊽ $\frac{12}{25} \div \frac{8}{15} =$

㊾ $\frac{15}{32} \div \frac{5}{8} =$

㊿ $\frac{49}{60} \div \frac{7}{20} =$

51 $\frac{26}{45} \div \frac{13}{20} =$

52 $\frac{26}{81} \div \frac{8}{27} =$

04 여러 가지 수로 나누기

● 나눗셈의 몫을 구해 보세요.

① $\frac{1}{2} \div \frac{1}{4} = \frac{1}{2} \times 4 = 2$

$\frac{1}{2} \div \frac{1}{6} = \frac{1}{2} \times 6 = 3$

$\frac{1}{2} \div \frac{1}{8} = \frac{1}{2} \times 8 = 4$

나누는 수가 작아지면 몫은 커져요.

② $\frac{1}{4} \div \frac{1}{8} =$

$\frac{1}{4} \div \frac{1}{12} =$

$\frac{1}{4} \div \frac{1}{16} =$

③ $\frac{1}{3} \div \frac{1}{9} =$

$\frac{1}{3} \div \frac{1}{12} =$

$\frac{1}{3} \div \frac{1}{15} =$

④ $\frac{5}{6} \div \frac{1}{12} =$

$\frac{5}{6} \div \frac{1}{18} =$

$\frac{5}{6} \div \frac{1}{24} =$

⑤ $\frac{2}{15} \div \frac{2}{3} =$

$\frac{2}{15} \div \frac{2}{5} =$

$\frac{2}{15} \div \frac{2}{15} =$

⑥ $\frac{4}{21} \div \frac{2}{3} =$

$\frac{4}{21} \div \frac{2}{9} =$

$\frac{4}{21} \div \frac{2}{15} =$

⑦ $\frac{1}{5} \div \frac{1}{30} =$

$\frac{1}{5} \div \frac{1}{20} =$

$\frac{1}{5} \div \frac{1}{10} =$

나누는 수가 커지면 몫은 어떻게 될까요?

⑧ $\frac{1}{8} \div \frac{1}{40} =$

$\frac{1}{8} \div \frac{1}{24} =$

$\frac{1}{8} \div \frac{1}{16} =$

⑨ $\frac{2}{3} \div \frac{1}{24} =$

$\frac{2}{3} \div \frac{1}{12} =$

$\frac{2}{3} \div \frac{1}{6} =$

⑩ $\frac{4}{7} \div \frac{4}{63} =$

$\frac{4}{7} \div \frac{2}{21} =$

$\frac{4}{7} \div \frac{1}{7} =$

⑪ $\frac{7}{9} \div \frac{5}{21} =$

$\frac{7}{9} \div \frac{8}{21} =$

$\frac{7}{9} \div \frac{10}{21} =$

⑫ $\frac{1}{6} \div \frac{2}{15} =$

$\frac{1}{6} \div \frac{8}{15} =$

$\frac{1}{6} \div \frac{13}{15} =$

나누어지는 수와 나누는 수를 바꾸면 몫이 어떻게 달라질까?

05 바꾸어 나누기

● 나눗셈의 몫을 구해 보세요.

① $\frac{3}{8} \div \frac{3}{4} = \frac{\cancel{3}^{1}}{\cancel{8}_{2}} \times \frac{\cancel{4}^{1}}{\cancel{3}_{1}} = \frac{1}{2}$

$\frac{3}{4} \div \frac{3}{8} = \frac{\cancel{3}^{1}}{\cancel{4}_{1}} \times \frac{\cancel{8}^{2}}{\cancel{3}_{1}} = 2$

두 수를 바꾸어 나누면
몫의 분모와 분자가 바뀌어요.

② $\frac{1}{12} \div \frac{1}{24} =$

$\frac{1}{24} \div \frac{1}{12} =$

③ $\frac{3}{4} \div \frac{9}{10} =$

$\frac{9}{10} \div \frac{3}{4} =$

④ $\frac{4}{9} \div \frac{2}{3} =$

$\frac{2}{3} \div \frac{4}{9} =$

⑤ $\frac{1}{15} \div \frac{5}{8} =$

$\frac{5}{8} \div \frac{1}{15} =$

⑥ $\frac{5}{14} \div \frac{1}{7} =$

$\frac{1}{7} \div \frac{5}{14} =$

⑦ $\frac{10}{63} \div \frac{5}{9} =$

$\frac{5}{9} \div \frac{10}{63} =$

⑧ $\frac{9}{49} \div \frac{3}{14} =$

$\frac{3}{14} \div \frac{9}{49} =$

⑨ $\frac{4}{5} \div \frac{2}{3} =$

$\frac{2}{3} \div \frac{4}{5} =$

⑩ $\frac{3}{10} \div \frac{3}{5} =$

$\frac{3}{5} \div \frac{3}{10} =$

⑪ $\frac{5}{12} \div \frac{2}{9} =$

$\frac{2}{9} \div \frac{5}{12} =$

⑫ $\frac{5}{6} \div \frac{1}{4} =$

$\frac{1}{4} \div \frac{5}{6} =$

⑬ $\frac{14}{15} \div \frac{7}{18} =$

$\frac{7}{18} \div \frac{14}{15} =$

⑭ $\frac{3}{25} \div \frac{2}{5} =$

$\frac{2}{5} \div \frac{3}{25} =$

⑮ $\frac{9}{16} \div \frac{2}{3} =$

$\frac{2}{3} \div \frac{9}{16} =$

×은 되는데 ÷은 안 되는 것은?

$\frac{4}{9} \times \frac{2}{3} = \frac{2}{3} \times \frac{4}{9}$ | $\frac{4}{9} \div \frac{2}{3} \neq \frac{2}{3} \div \frac{4}{9}$

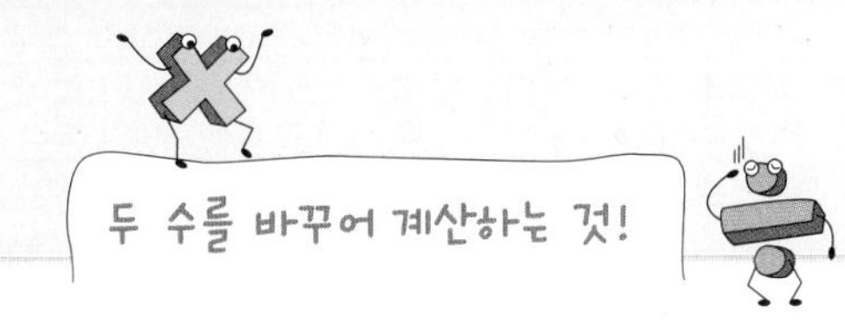
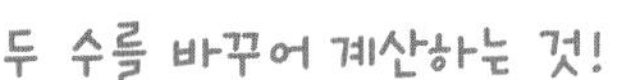

묷이 커지려면 어떤 수로 나눠야 할까?

06 몫이 크게 되도록 식 만들기

● 몫이 가장 크게 되도록 ▢ 안의 분수 중에서 1개를 골라 ○표 하고, 식을 만들어 계산해 보세요.

① $\frac{1}{4}$ < $\frac{1}{2}$ $=\frac{2}{4}$ < $\frac{3}{4}$ 　 $\frac{5}{8} \div \frac{1}{4} = \frac{5}{2}\left(=2\frac{1}{2}\right)$

가장 작은 수로 나눠야 몫이 가장 커요.

② $\frac{8}{9}$ 　 $\frac{1}{9}$ 　 $\frac{5}{9}$ 　 $\frac{11}{12} \div$ ＿＿ = ＿＿

③ $\frac{11}{14}$ 　 $\frac{7}{10}$ 　 $\frac{3}{14}$ 　 $\frac{3}{7} \div$ ＿＿ = ＿＿

④ $\frac{5}{11}$ 　 $\frac{5}{12}$ 　 $\frac{8}{15}$ 　 $\frac{4}{9} \div$ ＿＿ = ＿＿

⑤ $\frac{3}{8}$ 　 $\frac{3}{7}$ 　 $\frac{3}{4}$ 　 $\frac{7}{15} \div$ ＿＿ = ＿＿

⑥ $\frac{1}{3}$ 　 $\frac{5}{9}$ 　 $\frac{5}{16}$ 　 $\frac{35}{48} \div$ ＿＿ = ＿＿

나눗셈의 원리

07 모르는 수 구하기

곱셈식을 나눗셈식으로 바꾸어 생각해.

● □ 안에 들어갈 수를 구해 보세요.

① $\square \times \frac{1}{2} = \frac{2}{3}$

곱한 수로 나누면 처음 수가 돼요.

➡ $\square = \frac{2}{3} \div \frac{1}{2} = \frac{2}{3} \times 2 = \frac{4}{3}\left(=1\frac{1}{3}\right)$

② $\square \times \frac{3}{5} = \frac{6}{7}$

➡ $\square =$

③ $\square \times \frac{4}{9} = \frac{2}{15}$

➡ $\square =$

④ $\square \times \frac{5}{11} = \frac{15}{22}$

➡ $\square =$

⑤ $\square \times \frac{7}{12} = \frac{3}{4}$

➡ $\square =$

⑥ $\square \times \frac{9}{10} = \frac{8}{15}$

➡ $\square =$

⑦ $\square \times \frac{3}{8} = \frac{1}{14}$

➡ $\square =$

⑧ $\square \times \frac{6}{7} = \frac{3}{28}$

➡ $\square =$

⑨ $\square \times \frac{2}{3} = \frac{4}{7}$

➡ $\square =$

⑩ $\square \times \frac{5}{12} = \frac{5}{16}$

➡ $\square =$

÷ 3 (자연수)÷(분수)

나누는 수의 분모와 분자를 바꿔서 곱해.

$$3 \div \frac{4}{5} = 3 \times \frac{5}{4} = \frac{15}{4} = 3\frac{3}{4}$$

● 분모를 같게 만들어 계산하기

$$3 \div \frac{4}{5} = \frac{3 \times 5}{5} \div \frac{4}{5}$$
$$= (3 \times 5) \div 4$$
$$= \frac{3 \times 5}{4}$$
$$= 3 \times \frac{5}{4}$$
$$= \frac{15}{4} = 3\frac{3}{4}$$

"이 과정을 생략하면 간단히 계산할 수 있어."

● 나누는 수를 1로 만들어 계산하기

$$3 \quad \div \quad \frac{4}{5}$$

$\downarrow \times \frac{5}{4}$ $\quad$ $\downarrow \times \frac{5}{4}$

$$= \left(3 \times \frac{5}{4}\right) \div \left(\frac{4}{5} \times \frac{5}{4}\right)$$

$$\left(\frac{4}{5} \times \frac{5}{4}\right) = 1$$

$$= 3 \times \frac{5}{4}$$
$$= \frac{15}{4} = 3\frac{3}{4}$$

"$\div \frac{4}{5}$를 $\times \frac{5}{4}$로 바꿔서 계산한 것과 같아."

분수의 나눗셈은 분수의 곱셈으로 고쳐서 계산할 수 있어.

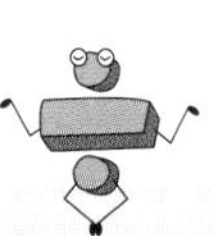

01 곱셈으로 고쳐서 계산하기

● 나눗셈을 곱셈으로 고쳐서 빈칸에 알맞은 수를 써 보세요.

① $9 \div \frac{3}{7} = \overset{3}{\cancel{9}} \times \frac{\boxed{7}}{\underset{1}{\cancel{3}}} = $ 21

약분하면 더 간단히 계산할 수 있어요.

② $9 \div \frac{1}{2} = 9 \times \boxed{} = $ ____

③ $8 \div \frac{2}{9} = 8 \times \frac{\boxed{}}{2} = $ ____

④ $5 \div \frac{2}{3} = 5 \times \frac{\boxed{}}{2} = $ ____

⑤ $5 \div \frac{5}{9} = 5 \times \frac{\boxed{}}{5} = $ ____

⑥ $4 \div \frac{2}{7} = 4 \times \frac{\boxed{}}{2} = $ ____

⑦ $12 \div \frac{2}{3} = 12 \times \frac{\boxed{}}{2} = $ ____

⑧ $6 \div \frac{2}{9} = 6 \times \frac{\boxed{}}{2} = $ ____

⑨ $7 \div \frac{7}{9} = 7 \times \frac{\boxed{}}{7} = $ ____

⑩ $2 \div \frac{3}{8} = 2 \times \frac{\boxed{}}{3} = $ ____

⑪ $10 \div \frac{5}{6} = 10 \times \frac{\boxed{}}{5} = $ ____

⑫ $3 \div \frac{4}{5} = 3 \times \frac{\boxed{}}{4} = $ ____

⑬ $6 \div \frac{4}{9} = 6 \times \frac{\boxed{}}{4} = $ ____

⑭ $8 \div \frac{3}{4} = 8 \times \frac{\boxed{}}{3} = $ ____

⑮ $11 \div \frac{2}{7} = 11 \times \frac{\boxed{}}{2} = $ ____

⑯ $10 \div \frac{5}{8} = 10 \times \frac{\boxed{}}{5} = $ ____

나눗셈을 곱셈으로 고치려면 대분수를 가분수로 바꾸어야 해.

02 대분수를 가분수로 고쳐서 계산하기

● 나눗셈의 몫을 구해 보세요.

① $3 \div 1\frac{1}{11} = 3 \div \frac{12}{11} = \overset{1}{\cancel{3}} \times \frac{11}{\underset{4}{\cancel{12}}} = \frac{11}{4} \left(= 2\frac{3}{4}\right)$

❶ 대분수를 가분수로 고치고
❷ 나눗셈을 곱셈으로 고쳐요.

② $6 \div 1\frac{1}{2} =$

③ $4 \div 3\frac{1}{3} =$

④ $12 \div 1\frac{3}{5} =$

⑤ $14 \div 2\frac{2}{3} =$

⑥ $15 \div 4\frac{1}{5} =$

⑦ $12 \div 1\frac{7}{11} =$

⑧ $14 \div 3\frac{3}{5} =$

⑨ $19 \div 2\frac{12}{13} =$

⑩ $21 \div 3\frac{11}{15} =$

⑪ $24 \div 2\frac{6}{11} =$

⑫ $8 \div 1\frac{11}{25} =$

⑬ $33 \div 1\frac{5}{6} =$

⑭ $60 \div 2\frac{2}{5} =$

⑮ $10 \div 1\frac{4}{11} =$

⑯ $81 \div 1\frac{7}{20} =$

03 자연수와 분수의 나눗셈

● 나눗셈의 몫을 구해 보세요.

① $10 \div \frac{5}{9} = \overset{2}{\cancel{10}} \times \frac{9}{\underset{1}{\cancel{5}}} = 18$

분모와 분자를 바꾸어 곱해요.

② $7 \div \frac{1}{4} = 7 \times 4 = 28$

나누는 수가 단위분수일 때는
분모를 곱해서 계산한 것과 같아요.

③ $4 \div \frac{10}{13} =$

④ $6 \div \frac{8}{11} =$

⑤ $2 \div \frac{16}{21} =$

⑥ $9 \div \frac{3}{5} =$

⑦ $3 \div \frac{15}{16} =$

⑧ $10 \div \frac{12}{13} =$

⑨ $8 \div 2\frac{4}{5} =$

⑩ $12 \div 3\frac{1}{2} =$

⑪ $15 \div \frac{10}{11} =$

⑫ $20 \div 4\frac{3}{8} =$

$\div 1\frac{2}{3}$ —이렇게 해도 될까?→ $\times 1\frac{3}{2}$

$\div 1\frac{2}{3} = \div \frac{5}{3}$

$\times 1\frac{3}{2} = \times \frac{5}{2} = \div \frac{2}{5}$

$\div \frac{5}{3} \neq \div \frac{2}{5}$

안돼!! 나누는 수가 달라졌잖아.

⑬ $16 \div \frac{2}{3} =$

⑭ $14 \div \frac{4}{9} =$

⑮ $11 \div 8\frac{1}{4} =$

⑯ $25 \div \frac{5}{8} =$

⑰ $16 \div \frac{1}{5} =$

⑱ $7 \div \frac{5}{8} =$

⑲ $12 \div \frac{16}{21} =$

⑳ $10 \div 1\frac{1}{3} =$

㉑ $9 \div 1\frac{5}{7} =$

㉒ $9 \div \frac{8}{9} =$

㉓ $8 \div 1\frac{5}{7} =$

㉔ $7 \div \frac{8}{9} =$

㉕ $15 \div 2\frac{6}{7} =$

㉖ $16 \div \frac{12}{13} =$

㉗ $10 \div \frac{25}{28} =$

㉘ $22 \div 5\frac{1}{2} =$

㉙ $15 \div \frac{25}{26} =$

㉚ $28 \div 2\frac{5}{8} =$

㉛ $45 \div 4\frac{1}{6} =$

㉜ $39 \div \frac{13}{16} =$

㉝ $4 \div \frac{14}{17} =$

㉞ $3 \div \frac{9}{11} =$

㉟ $8 \div 3\frac{1}{3} =$

㊱ $16 \div 1\frac{9}{11} =$

㊲ $6 \div \frac{16}{23} =$

㊳ $9 \div \frac{1}{12} =$

㊴ $18 \div 1\frac{3}{5} =$

㊵ $16 \div 3\frac{3}{7} =$

㊶ $12 \div \frac{28}{33} =$

㊷ $8 \div \frac{1}{7} =$

㊸ $26 \div 4\frac{7}{8} =$

㊹ $13 \div 1\frac{5}{21} =$

㊺ $27 \div \frac{9}{10} =$

㊻ $32 \div 3\frac{3}{7} =$

㊼ $35 \div \frac{14}{15} =$

㊽ $45 \div 2\frac{1}{4} =$

㊾ $6 \div \frac{1}{11} =$

㊿ $14 \div \frac{35}{38} =$

51 $12 \div 1\frac{1}{3} =$

52 $9 \div 5\frac{1}{7} =$

53 $12 \div \frac{18}{19} =$

54 $18 \div \frac{3}{5} =$

55 $7 \div 1\frac{13}{36} =$

56 $5 \div \frac{40}{51} =$

57 $12 \div \frac{9}{25} =$

58 $18 \div 5\frac{1}{4} =$

59 $28 \div \frac{7}{10} =$

60 $25 \div \frac{15}{19} =$

61 $24 \div 1\frac{13}{23} =$

62 $42 \div 2\frac{6}{11} =$

나누는 수에 따라 몫이 어떤 규칙으로 변하는지 살펴봐.

04 여러 가지 수로 나누기

● 나눗셈을 하여 빈칸에 몫을 써 보세요.

①

	$\div \frac{1}{2}$ (×2)	$\div \frac{1}{3}$ (×3)	$\div \frac{1}{4}$ (×4)	$\div \frac{1}{5}$	$\div \frac{1}{6}$	$\div \frac{1}{7}$	$\div \frac{1}{8}$
3	6	9	12				
4							
5							

②

	$\div \frac{1}{2}$	$\div \frac{1}{3}$	$\div \frac{1}{4}$	$\div \frac{1}{5}$	$\div \frac{1}{6}$	$\div \frac{1}{7}$	$\div \frac{1}{8}$
6							
7							
8							

③

	$\div \frac{2}{3}$	$\div \frac{2}{5}$	$\div \frac{2}{7}$	$\div \frac{2}{9}$	$\div \frac{2}{11}$	$\div \frac{2}{13}$	$\div \frac{2}{15}$
2							
4							
6							

④

	$\div 2\frac{1}{2}$	$\div 1\frac{2}{3}$	$\div 1\frac{1}{4}$	$\div \frac{5}{6}$	$\div \frac{5}{7}$	$\div \frac{5}{8}$	$\div \frac{5}{9}$
5							
10							
15							

⑤

	$\div 1\frac{1}{2}$	$\div \frac{3}{4}$	$\div \frac{3}{5}$	$\div \frac{3}{7}$	$\div \frac{3}{8}$	$\div \frac{3}{10}$	$\div \frac{3}{11}$
6							
9							
12							

⑥

	$\div 1\frac{1}{3}$	$\div \frac{4}{5}$	$\div \frac{4}{7}$	$\div \frac{4}{9}$	$\div \frac{4}{11}$	$\div \frac{4}{13}$	$\div \frac{4}{15}$
16							
20							
24							

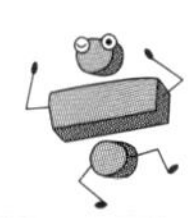

05 분수가 몇 번 들어 있는지 구하기(1)

● 수직선을 이용하여 물음에 답하세요.

① 2에 주어진 분수가 몇 번 들어 있을까요?

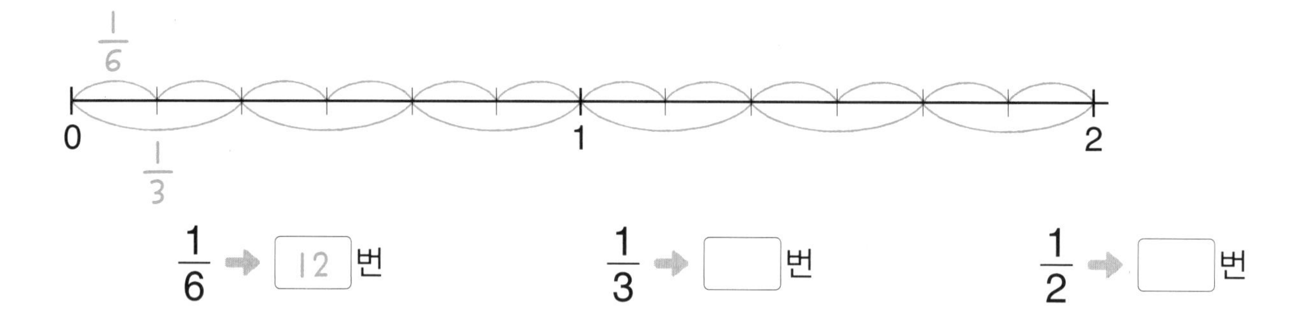

$\frac{1}{6}$ ➡ [12]번 $\frac{1}{3}$ ➡ [ ]번 $\frac{1}{2}$ ➡ [ ]번

② 3에 주어진 분수가 몇 번 들어 있을까요?

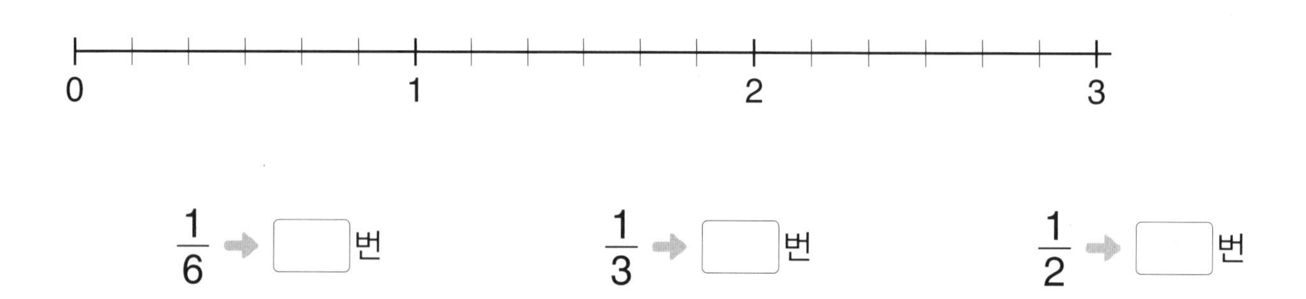

$\frac{1}{6}$ ➡ [ ]번 $\frac{1}{3}$ ➡ [ ]번 $\frac{1}{2}$ ➡ [ ]번

③ 6에 주어진 분수가 몇 번 들어 있을까요?

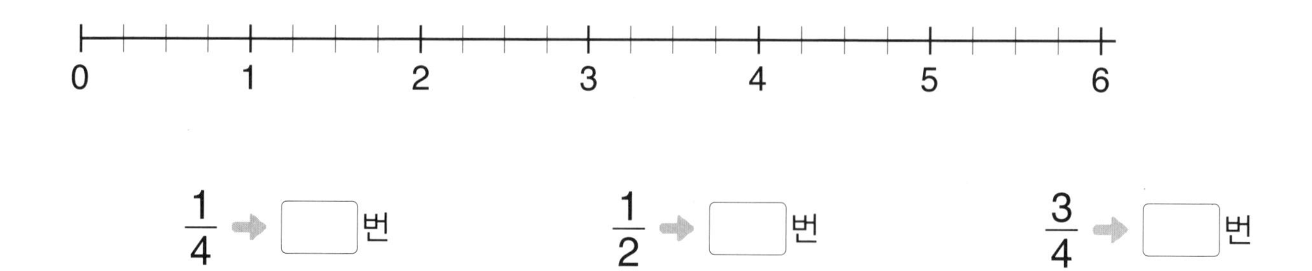

$\frac{1}{4}$ ➡ [ ]번 $\frac{1}{2}$ ➡ [ ]번 $\frac{3}{4}$ ➡ [ ]번

④ 5에 주어진 분수가 몇 번 들어 있을까요?

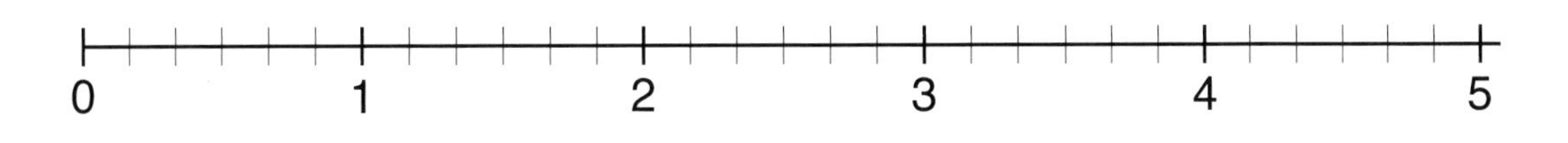

$\frac{1}{6}$ ➡ ☐번　　$\frac{1}{3}$ ➡ ☐번　　$\frac{5}{6}$ ➡ ☐번

⑤ 4에 주어진 분수가 몇 번 들어 있을까요?

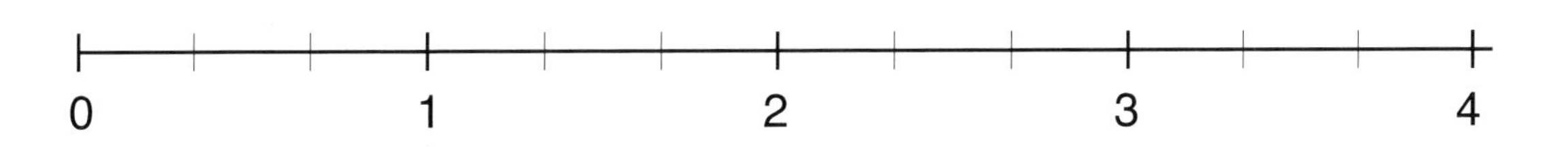

$\frac{1}{3}$ ➡ ☐번　　$\frac{2}{3}$ ➡ ☐번　　$1\frac{1}{3}$ ➡ ☐번

⑥ 5에 주어진 분수가 몇 번 들어 있을까요?

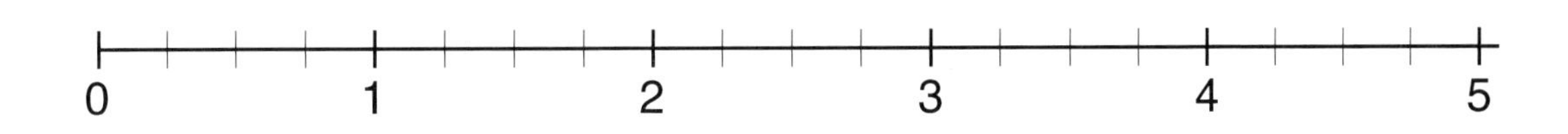

$\frac{1}{4}$ ➡ ☐번　　$\frac{1}{2}$ ➡ ☐번　　$1\frac{1}{4}$ ➡ ☐번

나눗셈식을 만들면 분수가 몇 번 들어 있는지 알 수 있어.

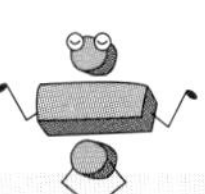

06 분수가 몇 번 들어 있는지 구하기(2)

● 다음 수에는 $\frac{1}{7}$이 몇 번 들어 있는지 식을 만들어 구해 보세요.

①  1

7번

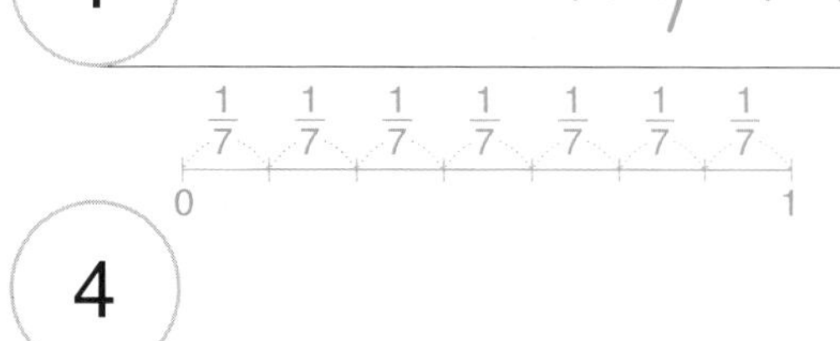

 ② 4 ➡

 ③  8 ➡

 ④  9 ➡

● 다음 수에는 $\frac{2}{5}$가 몇 번 들어 있는지 식을 만들어 구해 보세요.

 ①  2 ➡

 ②  4 ➡

 ③  6 ➡

 ④  10 ➡

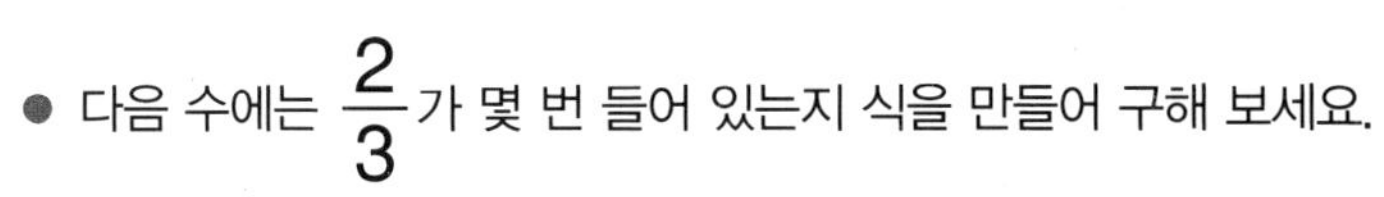

● 다음 수에는 $\frac{2}{3}$가 몇 번 들어 있는지 식을 만들어 구해 보세요.

① 4 ➡

② 8 ➡

③ 12 ➡

④ 16 ➡

● 다음 수에는 $\frac{3}{4}$이 몇 번 들어 있는지 식을 만들어 구해 보세요.

① 3 ➡

② 6 ➡

③ 9 ➡

④ 12 ➡

몫이 자연수가 되려면 분모가 1이 되어야 해.

07 몫이 자연수인 나눗셈식 만들기

● 몫이 자연수가 되도록 □ 안에 알맞은 수를 넣어 계산해 보세요. (단, 답은 여러 가지가 될 수 있습니다.)

① 예) $\boxed{4} \div \frac{4}{5} =$ $\overset{1}{\cancel{4}} \times \frac{5}{\underset{1}{\cancel{4}}} = 5$

약분하여 쉽게 계산할 수 있는 4를 넣었어요.

② $\square \div \frac{2}{3} =$ ______

③ $\square \div \frac{1}{8} =$ ______

④ $\square \div \frac{1}{5} =$ ______

⑤ $\square \div \frac{5}{7} =$ ______

⑥ $\square \div \frac{3}{4} =$ ______

⑦ $\square \div \frac{3}{10} =$ ______

⑧ $\square \div \frac{6}{7} =$ ______

⑨ $\square \div \frac{5}{6} =$ ______

⑩ $\square \div \frac{5}{8} =$ ______

⑪ $\square \div \frac{6}{11} =$ ______

⑫ $\square \div \frac{11}{14} =$ ______

⑬ $\square \div \frac{3}{14} =$ ______

⑭ $\square \div \frac{8}{13} =$ ______

08 모르는 수 구하기

곱셈식을 나눗셈식으로 바꾸어 생각해.

● □ 안에 알맞은 수를 구해 보세요.

① $\square \times \frac{1}{2} = 5$ 곱한 수로 나누면 처음 수가 돼요.

➡ $\square = 5 \div \frac{1}{2} = 5 \times 2 = 10$

② $\square \times \frac{2}{3} = 10$

➡ $\square =$

③ $\square \times \frac{3}{4} = 15$

➡ $\square =$

④ $\square \times \frac{2}{5} = 18$

➡ $\square =$

⑤ $\square \times \frac{5}{7} = 35$

➡ $\square =$

⑥ $\square \times \frac{7}{9} = 42$

➡ $\square =$

⑦ $\square \times \frac{3}{4} = 10$

➡ $\square =$

⑧ $\square \times \frac{8}{11} = 24$

➡ $\square =$

⑨ $\square \times \frac{4}{9} = 2$

➡ $\square =$

⑩ $\square \times \frac{9}{10} = 6$

➡ $\square =$

⑪ $\square \times \frac{12}{13} = 10$

➡ $\square =$

⑫ $\square \times \frac{11}{15} = 2$

➡ $\square =$

대분수의 나눗셈

대분수를 가분수로 고친 다음 나누는 수의 분모와 분자를 바꿔서 곱해.

$$4\frac{1}{2}\div1\frac{1}{5}=\frac{9}{2}\div\frac{6}{5}=\frac{\overset{3}{\cancel{9}}}{2}\times\frac{5}{\underset{2}{\cancel{6}}}=\frac{15}{4}=3\frac{3}{4}$$

● 분모를 같게 만들어 계산하기

$$4\frac{1}{2}\div1\frac{1}{5}=\frac{9}{2}\div\frac{6}{5}$$

$$=\frac{9\times5}{2\times5}\div\frac{6\times2}{5\times2}$$

$$=(9\times5)\div(6\times2)$$

$$=\frac{9\times5}{6\times2}$$

$$=\frac{9\times5}{2\times6}$$

$$=\frac{\overset{3}{\cancel{9}}}{2}\times\frac{5}{\underset{2}{\cancel{6}}}$$

$$=\frac{15}{4}=3\frac{3}{4}$$

"이 과정을 생략하면 간단히 계산할 수 있어."

● 나누는 수를 1로 만들어 계산하기

$$4\frac{1}{2}\div1\frac{1}{5}=\frac{9}{2}\div\frac{6}{5}$$

$\times\frac{5}{6}$ $\times\frac{5}{6}$

$$=\left(\frac{9}{2}\times\frac{5}{6}\right)\div\underbrace{\left(\frac{\cancel{6}}{\cancel{5}}\times\frac{\cancel{5}}{\cancel{6}}\right)}_{1}$$

$$=\frac{\overset{3}{\cancel{9}}}{2}\times\frac{5}{\underset{2}{\cancel{6}}}$$

$$=\frac{15}{4}=3\frac{3}{4}$$

"$\div\frac{6}{5}$을 $\times\frac{5}{6}$로 바꿔서
계산한 것과 같아."

대분수는 그대로 곱하면 안돼.

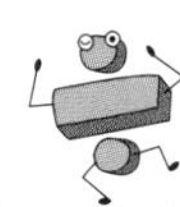

01 대분수를 가분수로 고쳐서 계산하기

● 대분수를 가분수로 고쳐서 빈칸에 알맞은 수를 써 보세요.

① $4\frac{1}{3} \div \frac{5}{6} = \frac{\boxed{13}}{3} \div \frac{5}{6} = \frac{13}{\cancel{3}_1} \times \frac{\cancel{6}^2}{5} = \frac{26}{5} = 5\frac{1}{5}$

❶ 대분수를 가분수로 고쳐요. ❷ 분모와 분자를 바꾸어 곱해요.

② $1\frac{3}{5} \div \frac{8}{15} = \frac{\square}{5} \div \frac{8}{15} =$

③ $2\frac{2}{5} \div \frac{3}{8} = \frac{\square}{5} \div \frac{3}{8} =$

④ $\frac{6}{7} \div 3\frac{3}{5} = \frac{6}{7} \div \frac{\square}{5} =$

⑤ $2\frac{5}{6} \div 2\frac{1}{4} = \frac{\square}{6} \div \frac{\square}{4} =$

⑥ $3\frac{1}{8} \div 3\frac{1}{3} = \frac{\square}{8} \div \frac{\square}{3} =$

⑦ $5\frac{1}{2} \div 4\frac{2}{5} = \frac{\square}{2} \div \frac{\square}{5} =$

⑧ $1\frac{6}{7} \div 3\frac{5}{7} = \frac{\square}{7} \div \frac{\square}{7} =$

⑨ $6\frac{4}{5} \div 1\frac{7}{10} = \frac{\square}{5} \div \frac{\square}{10} =$

⑩ $3\frac{3}{7} \div 1\frac{1}{11} = \frac{\square}{7} \div \frac{\square}{11} =$

⑪ $3\frac{3}{20} \div 1\frac{2}{5} = \frac{\square}{20} \div \frac{\square}{5} =$

⑫ $8\frac{1}{4} \div 1\frac{2}{9} = \frac{\square}{4} \div \frac{\square}{9} =$

⑬ $3\frac{5}{9} \div 4\frac{2}{3} = \frac{\square}{9} \div \frac{\square}{3} =$

⑭ $4\frac{4}{15} \div 2\frac{2}{5} = \frac{\square}{15} \div \frac{\square}{5} =$

02 대분수의 나눗셈

● 나눗셈의 몫을 구해 보세요.

① $2\frac{1}{3} \div \frac{7}{9} = \frac{7}{3} \div \frac{7}{9} = \frac{\overset{1}{\cancel{7}}}{\underset{1}{\cancel{3}}} \times \frac{\overset{3}{\cancel{9}}}{\underset{1}{\cancel{7}}} = 3$

❶ 대분수를 가분수로 고쳐요. ❷ 분모와 분자를 바꾸어 곱해요.

② $1\frac{4}{5} \div \frac{3}{5} =$

③ $1\frac{3}{8} \div 2\frac{3}{4} =$

④ $1\frac{7}{8} \div 3\frac{5}{6} =$

똑같은 수로 나누면 어떻게 될까?

⑤ $5\frac{1}{2} \div 5\frac{1}{2} =$

⑥ $3\frac{3}{4} \div \frac{9}{14} =$

⑦ $4\frac{2}{5} \div \frac{1}{10} =$

⑧ $7\frac{1}{2} \div 8\frac{1}{3} =$

⑨ $1\frac{6}{7} \div 1\frac{1}{2} =$

⑩ $2\frac{5}{14} \div \frac{11}{28} =$

⑪ $3\frac{1}{4} \div \frac{3}{10} =$

⑫ $2\frac{7}{16} \div 1\frac{23}{40} =$

⑬ $6\frac{1}{9} \div 1\frac{8}{27} =$

⑭ $1\frac{8}{9} \div \frac{5}{6} =$

⑮ $\frac{7}{9} \div 3\frac{4}{15} =$

⑯ $2\frac{1}{10} \div 4\frac{4}{5} =$

⑰ $2\frac{1}{4} \div \frac{3}{10} =$

⑱ $1\frac{1}{11} \div \frac{4}{11} =$

⑲ $1\frac{1}{9} \div 4\frac{1}{6} =$

⑳ $2\frac{2}{3} \div \frac{3}{4} =$

㉑ $2\frac{1}{42} \div \frac{5}{8} =$

㉒ $\frac{7}{12} \div 2\frac{1}{10} =$

㉓ $2\frac{1}{4} \div 1\frac{5}{22} =$

㉔ $1\frac{1}{6} \div 1\frac{1}{20} =$

㉕ $1\frac{7}{33} \div 2\frac{2}{15} =$

㉖ $1\frac{10}{11} \div 1\frac{13}{22} =$

㉗ $1\frac{13}{17} \div 7\frac{1}{2} =$

㉘ $5\frac{1}{7} \div 2\frac{4}{7} =$

㉙ $1\frac{7}{13} \div 4\frac{2}{7} =$

㉚ $1\frac{17}{28} \div 7\frac{1}{12} =$

㉛ $1\frac{7}{18} \div 3\frac{3}{14} =$

㉜ $1\frac{7}{20} \div 1\frac{1}{50} =$

㉝ $8\frac{5}{9} \div 1\frac{2}{9} =$

㉞ $2\frac{5}{6} \div 6\frac{4}{5} =$

㉟ $2\frac{2}{9} \div 4\frac{2}{7} =$

㊱ $3\frac{3}{4} \div 2\frac{1}{4} =$

㊲ $\frac{7}{8} \div 11\frac{2}{3} =$

㊳ $3\frac{2}{3} \div \frac{11}{15} =$

㊴ $2\frac{1}{12} \div 1\frac{7}{18} =$

㊵ $2\frac{3}{5} \div \frac{2}{15} =$

㊶ $3\frac{3}{14} \div 1\frac{1}{4} =$

㊷ $\frac{5}{9} \div 1\frac{7}{8} =$

㊸ $5\frac{2}{5} \div 1\frac{7}{20} =$

㊹ $6\frac{3}{4} \div 3\frac{3}{5} =$

㊺ $1\frac{1}{9} \div 3\frac{1}{3} =$

㊻ $3\frac{3}{10} \div 5\frac{1}{4} =$

㊼ $2\frac{1}{16} \div 1\frac{11}{40} =$

㊽ $1\frac{7}{27} \div 3\frac{7}{9} =$

03 바꾸어 나누기

수를 바꾸어 나누어 보고 몫을 비교해 봐.

● 나눗셈의 몫을 구해 보세요.

① $3\frac{2}{3} \div 1\frac{2}{9} = \frac{11}{3} \div \frac{11}{9} = \frac{\overset{1}{\cancel{11}}}{\underset{1}{\cancel{3}}} \times \frac{\overset{3}{\cancel{9}}}{\underset{1}{\cancel{11}}} = 3$

$1\frac{2}{9} \div 3\frac{2}{3} = \frac{11}{9} \div \frac{11}{3} = \frac{\overset{1}{\cancel{11}}}{\underset{3}{\cancel{9}}} \times \frac{\overset{1}{\cancel{3}}}{\underset{1}{\cancel{11}}} = \frac{1}{3}$

두 수를 바꾸어 나누면 몫의 분모와 분자가 바뀌어요.

② $2\frac{5}{14} \div 4\frac{5}{7} =$

$4\frac{5}{7} \div 2\frac{5}{14} =$

③ $5\frac{5}{6} \div 3\frac{1}{3} =$

$3\frac{1}{3} \div 5\frac{5}{6} =$

④ $1\frac{3}{17} \div \frac{10}{51} =$

$\frac{10}{51} \div 1\frac{3}{17} =$

⑤ $\frac{9}{19} \div 1\frac{1}{38} =$

$1\frac{1}{38} \div \frac{9}{19} =$

⑥ $1\frac{1}{10} \div 3\frac{2}{3} =$

$3\frac{2}{3} \div 1\frac{1}{10} =$

⑦ $1\frac{2}{9} \div 1\frac{8}{25} =$

$1\frac{8}{25} \div 1\frac{2}{9} =$

⑧ $3\frac{1}{5} \div 1\frac{9}{35} =$

$1\frac{9}{35} \div 3\frac{1}{5} =$

수를 바꾸어 나누어 보고 몫을 비교해 봐.

⑨ $1\frac{1}{4} \div 1\frac{7}{8} =$

$1\frac{7}{8} \div 1\frac{1}{4} =$

⑩ $2\frac{5}{14} \div 5\frac{1}{2} =$

$5\frac{1}{2} \div 2\frac{5}{14} =$

⑪ $\frac{4}{5} \div 1\frac{5}{7} =$

$1\frac{5}{7} \div \frac{4}{5} =$

⑫ $\frac{15}{28} \div 3\frac{1}{8} =$

$3\frac{1}{8} \div \frac{15}{28} =$

⑬ $2\frac{9}{20} \div 1\frac{11}{45} =$

$1\frac{11}{45} \div 2\frac{9}{20} =$

⑭ $3\frac{3}{7} \div 3\frac{1}{3} =$

$3\frac{1}{3} \div 3\frac{3}{7} =$

⑮ $2\frac{1}{2} \div 1\frac{11}{24} =$

$1\frac{11}{24} \div 2\frac{1}{2} =$

⑯ $1\frac{1}{9} \div 2\frac{7}{18} =$

$2\frac{7}{18} \div 1\frac{1}{9} =$

나누는 수를 비교하면 계산하지 않아도 몫의 크기를 비교할 수 있어.

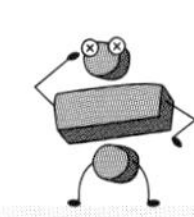

04 어림하여 크기 비교하기

● 몫이 ◯ 안의 수보다 큰 것에 ◯표 하세요.

① $1\frac{2}{7}$ | $1\frac{2}{7}\div3$ | $1\frac{2}{7}\div\frac{3}{5}$ | $1\frac{2}{7}\div1\frac{2}{3}$

1보다 작은 수로 나누면 몫이 처음 수보다 커져.

② $1\frac{1}{5}$ | $1\frac{1}{5}\div\frac{4}{5}$ | $1\frac{1}{5}\div1\frac{4}{5}$ | $1\frac{1}{5}\div2$

③ $3\frac{2}{3}$ | $3\frac{2}{3}\div1\frac{1}{2}$ | $3\frac{2}{3}\div2\frac{1}{2}$ | $3\frac{2}{3}\div\frac{1}{2}$

④ $2\frac{1}{12}$ | $2\frac{1}{12}\div\frac{2}{3}$ | $2\frac{1}{12}\div1\frac{1}{4}$ | $2\frac{1}{12}\div5$

⑤ $4\frac{1}{6}$ | $4\frac{1}{6}\div3\frac{2}{3}$ | $4\frac{1}{6}\div\frac{5}{13}$ | $4\frac{1}{6}\div2\frac{1}{3}$

⑥ $2\frac{4}{9}$ | $2\frac{4}{9}\div11$ | $2\frac{4}{9}\div\frac{3}{8}$ | $2\frac{4}{9}\div5\frac{1}{2}$

곱셈식을 나눗셈식으로 바꾸어 생각해.

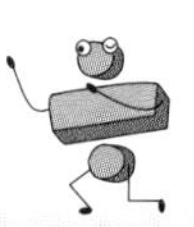

05 모르는 수 구하기

● □ 안에 알맞은 수를 구해 보세요.

① $\square \times \frac{3}{5} = 2\frac{2}{5}$

→ $\square = 2\frac{2}{5} \div \frac{3}{5} = \frac{12}{5} \div \frac{3}{5} = \frac{\overset{4}{\cancel{12}}}{\underset{1}{\cancel{5}}} \times \frac{\overset{1}{\cancel{5}}}{\underset{1}{\cancel{3}}} = 4$

곱한 수로 나누면 처음 수가 돼요.

② $\square \times \frac{2}{3} = 2\frac{2}{9}$

→ $\square =$

③ $\square \times \frac{9}{10} = 1\frac{2}{25}$

→ $\square =$

④ $\square \times 2\frac{1}{4} = 1\frac{1}{6}$

→ $\square =$

⑤ $\square \times 2\frac{1}{6} = 1\frac{3}{10}$

→ $\square =$

⑥ $\square \times 2\frac{2}{5} = 3\frac{3}{7}$

→ $\square =$

⑦ $\square \times 3\frac{1}{8} = 1\frac{1}{14}$

→ $\square =$

⑧ $\square \times 3\frac{3}{11} = 1\frac{7}{33}$

→ $\square =$

⑨ $\square \times 2\frac{15}{22} = 1\frac{19}{40}$

→ $\square =$

⑩ $\square \times 1\frac{3}{10} = 2\frac{9}{28}$

→ $\square =$

나누어지는 수와 나누는 수를 어떻게 정해야 할지 생각해 봐.

06 몫이 가장 크게 되는 나눗셈식 만들기

● 몫이 가장 크게 되도록 두 분수를 골라 나눗셈식을 만들어 계산해 보세요.

① 가장 작은 수 $\frac{8}{9}$, $1\frac{4}{5}$, 가장 큰 수 $2\frac{2}{3}$, $2\frac{1}{4}$

$2\frac{2}{3} \div \frac{8}{9} = \frac{\overset{1}{\cancel{8}}}{\underset{1}{\cancel{3}}} \times \frac{\overset{3}{\cancel{9}}}{\underset{1}{\cancel{8}}} = 3$

몫이 가장 크려면 가장 큰 수를 가장 작은 수로 나누어야 해요.

② $1\frac{5}{6}$ $1\frac{3}{4}$ $2\frac{2}{5}$ $2\frac{5}{6}$

____ ÷ ____ = ____

③ $2\frac{1}{2}$ $\frac{7}{8}$ $1\frac{3}{4}$ $2\frac{2}{9}$

____ ÷ ____ = ____

④ $1\frac{1}{6}$ $1\frac{1}{3}$ $1\frac{4}{9}$ $1\frac{5}{12}$

____ ÷ ____ = ____

⑤ $2\frac{5}{8}$ $1\frac{1}{4}$ $2\frac{1}{4}$ $2\frac{1}{7}$

____ ÷ ____ = ____

⑥ $3\frac{2}{5}$ $1\frac{1}{9}$ $2\frac{5}{8}$ $3\frac{2}{3}$

____ ÷ ____ = ____

⑦ $2\frac{2}{7}$ $2\frac{1}{4}$ $3\frac{1}{3}$ $3\frac{5}{6}$

____ ÷ ____ = ____

5 분수의 혼합 계산

곱셈으로 고쳐서 한꺼번에!

곱셈으로 고친 다음
한꺼번에 약분해서 계산해요.

$$1\frac{2}{3}\times1\frac{1}{8}\div1\frac{3}{7}$$

$$=\frac{5}{3}\times\frac{9}{8}\div\frac{10}{7}$$

$$=\frac{\cancel{5}^{1}}{\cancel{3}_{1}}\times\frac{\cancel{9}^{3}}{8}\times\frac{7}{\cancel{10}_{2}}$$

$$=\frac{21}{16}$$

$$=1\frac{5}{16}$$

×, ÷을 먼저!

×, ÷을 먼저 계산하고
앞에서부터 계산해요.

$$1\frac{1}{14}+2\frac{1}{5}\times1\frac{3}{7}$$

(① $2\frac{1}{5}\times1\frac{3}{7}$, ② $1\frac{1}{14}+$)

$$=1\frac{1}{14}+\frac{11}{\cancel{5}_{1}}\times\frac{\cancel{10}^{2}}{7}$$

$$=\frac{15}{14}+\frac{22}{7}$$

$$=\frac{15}{14}+\frac{44}{14}$$

$$=\frac{59}{14}$$

$$=4\frac{3}{14}$$

(   ) 안을 먼저!

(   ) 안을 먼저 계산하고
×, ÷을 계산한 다음
앞에서부터 계산해요.

$$\frac{3}{8}+1\frac{1}{4}\times\left(1\frac{3}{10}-\frac{4}{5}\right)$$

(① $1\frac{3}{10}-\frac{4}{5}$, ② $1\frac{1}{4}\times$, ③ $\frac{3}{8}+$)

$$=\frac{3}{8}+1\frac{1}{4}\times\left(\frac{13}{10}-\frac{4}{5}\right)$$

$$=\frac{3}{8}+1\frac{1}{4}\times\left(\frac{13}{10}-\frac{8}{10}\right)$$

$$=\frac{3}{8}+1\frac{1}{4}\times\frac{5}{10}$$

$$=\frac{3}{8}+\frac{\cancel{5}^{1}}{4}\times\frac{5}{\cancel{10}_{2}}$$

$$=\frac{3}{8}+\frac{5}{8}$$

$$=1$$

"( ) → ×, ÷ → +, − 의 순서로 계산하는 것은
자연수의 혼합 계산뿐만 아니라 분수의 혼합 계산에서도 마찬가지야."

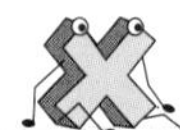
나눗셈을 곱셈으로 고친 다음 한꺼번에 약분해서 계산해 봐.

01 한꺼번에 계산하기

● 계산해 보세요.

① $1\frac{1}{5} \times \frac{2}{3} \div \frac{4}{15}$

대분수는 가분수로 고치고, 나눗셈을 곱셈으로 고친 다음 약분하여 계산해요.

$= \frac{6}{5} \times \frac{2}{3} \times \frac{15}{4} = 3$

② $2\frac{2}{5} \times \frac{5}{7} \div 1\frac{3}{7}$

=

③ $\frac{3}{8} \div 1\frac{1}{2} \times 1\frac{5}{6}$

=

④ $\frac{3}{4} \div 1\frac{1}{8} \div 2\frac{2}{3}$

=

⑤ $\frac{1}{9} \div 1\frac{2}{3} \times 3\frac{1}{3}$

=

⑥ $1\frac{2}{3} \div \frac{8}{9} \div 2\frac{2}{5}$

=

⑦ $\frac{7}{10} \times 2\frac{3}{4} \div 2\frac{1}{5}$

=

⑧ $2\frac{1}{7} \div \frac{20}{21} \times 1\frac{5}{9}$

=

⑨ $1\frac{1}{2} \div 1\frac{1}{8} \div 2\frac{1}{4}$

=

⑩ $1\frac{1}{3} \times 1\frac{1}{2} \times 1\frac{1}{4}$

=

⑪ $2\frac{3}{4} \div 1\frac{3}{5} \times 1\frac{4}{11}$

=

⑫ $2\frac{2}{5} \times 1\frac{3}{4} \div 4\frac{2}{3}$

=

⑬ $9\frac{1}{6} \times 1\frac{3}{11} \div 2\frac{6}{7}$

=

⑭ $3\frac{1}{3} \div 2\frac{1}{2} \div 1\frac{1}{10}$

=

⑮ $4\frac{1}{2} \times 2\frac{2}{9} \times 3\frac{1}{4}$

=

⑯ $1\frac{4}{5} \div 1\frac{4}{15} \times 3\frac{1}{6}$

=

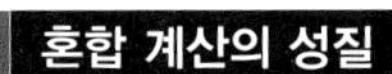

×, ÷을 먼저 계산하고 +, −을 나중에 계산해.

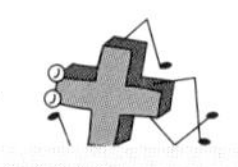

02 계산 순서를 표시하고 계산하기

● 계산 순서를 표시한 다음 순서에 맞게 계산해 보세요.

① $1\frac{1}{2}\times1\frac{1}{3}-1\frac{1}{5}=\frac{\overset{1}{\cancel{3}}}{\underset{1}{\cancel{2}}}\times\frac{\overset{2}{\cancel{4}}}{\underset{1}{\cancel{3}}}-\frac{6}{5}=2-\frac{6}{5}=\frac{10}{5}-\frac{6}{5}=\frac{4}{5}$

곱셈을 먼저 계산한 다음 뺄셈을 계산해요.

② $\frac{3}{4}+2\frac{2}{3}\div1\frac{1}{9}=$

③ $3\frac{3}{14}\div1\frac{4}{21}+2\frac{4}{15}=$

④ $1\frac{5}{21}+3\frac{1}{5}\times1\frac{3}{7}=$

⑤ $5\frac{5}{8}\div2\frac{1}{12}+1\frac{2}{3}=$

⑥ $2\frac{7}{10}\times\frac{8}{9}-2\frac{1}{6}=$

⑦ $1\frac{1}{3}-\frac{1}{4}\div1\frac{3}{8}=$

⑧ $2\frac{3}{14}+1\frac{5}{8}\times2\frac{2}{7}=$

⑨ $2\frac{2}{9}\div3\frac{1}{3}-\frac{1}{9}=$

⑩ $1\frac{1}{6}\times1\frac{11}{21}+1\frac{3}{4}=$

⑪ $2\frac{2}{3}+3\frac{4}{7}\div2\frac{3}{11}=$

⑫ $4\frac{5}{12}-1\frac{3}{4}\times2\frac{2}{7}=$

⑬ $3\frac{5}{9}\times1\frac{7}{8}-4\frac{1}{5}=$

⑭ $5\frac{5}{9}\times1\frac{2}{25}-1\frac{8}{9}=$

혼합 계산의 성질

03 괄호 안을 먼저 계산하기

식에 괄호가 있으면 반드시 괄호 안부터 계산해야 해.

● 계산해 보세요.

① $1\frac{2}{3}\times\left(\frac{1}{15}+\frac{1}{12}\right)$ 괄호 안의 식을 먼저 계산한 다음 앞에서부터 차례로 계산해요.

$=\frac{5}{3}\times\left(\frac{4}{60}+\frac{5}{60}\right)$

$=\frac{\overset{1}{\cancel{5}}}{\underset{1}{\cancel{3}}}\times\frac{\overset{\overset{1}{\cancel{3}}}{\cancel{9}}}{\underset{\underset{4}{\cancel{12}}}{\cancel{60}}}=\frac{1}{4}$

② $\left(2\frac{9}{10}-1\frac{3}{10}\right)\div2\frac{2}{15}$

$=$

③ $1\frac{19}{20}\div\left(\frac{2}{5}+1\frac{1}{3}\right)$

$=$

④ $\left(1\frac{1}{4}+2\frac{1}{6}\right)\times2\frac{2}{7}$

$=$

⑤ $2\frac{1}{4}\div\left(1\frac{5}{6}\times3\frac{3}{11}\right)$

$=$

⑥ $3\div\left(\frac{3}{11}+1\frac{5}{22}\right)$

$=$

⑦ $1\frac{4}{5}\times\left(2\frac{2}{9}-1\frac{2}{3}\right)$

$=$

⑧ $\left(\frac{3}{4}+1\frac{1}{6}\right)\div2\frac{5}{9}$

$=$

⑨ $1\frac{3}{5}\times(3\frac{1}{2}\div2\frac{4}{5})$

=

⑩ $2\frac{1}{3}\times(\frac{3}{8}+1\frac{1}{4})$

=

⑪ $(1\frac{1}{5}-\frac{7}{10})\div1\frac{2}{25}$

=

⑫ $(1\frac{1}{6}+1\frac{3}{8})\times5\frac{5}{7}$

=

⑬ $2\frac{2}{5}\times(3\frac{1}{2}-1\frac{2}{3})$

=

⑭ $3\frac{3}{10}\div(2\frac{1}{4}\times3\frac{1}{3})$

=

⑮ $3\frac{1}{5}\div(\frac{8}{9}-\frac{8}{15})$

=

괄호는 한 덩어리라는 것을 나타내는 기호니까 먼저 계산해.

$3\frac{1}{5}\div\frac{8}{9}-\frac{8}{15}$ (❶ ÷, ❷ −)

$3\frac{1}{5}\div(\frac{8}{9}-\frac{8}{15})$ (❶ ( ), ❷ ÷)

계산 순서가 달라.

곱셈은 순서를 바꾸어 계산해도 결과가 같아.

04 다르게 묶어 곱하기

● 계산한 다음 결과를 비교해 보세요.

① $\left(1\frac{3}{4}\times1\frac{3}{5}\right)\times\frac{1}{4}$

$=\left(\frac{7}{4}\times\frac{8}{5}\right)\times\frac{1}{4}=\frac{14}{5}\times\frac{1}{4}$

$=\frac{7}{10}$

$1\frac{3}{4}\times\left(1\frac{3}{5}\times\frac{1}{4}\right)$

$=\frac{7}{4}\times\left(\frac{8}{5}\times\frac{1}{4}\right)=\frac{7}{4}\times\frac{2}{5}$

$=\frac{7}{10}$

② $\left(1\frac{7}{8}\times2\frac{1}{3}\right)\times1\frac{2}{7}$

=

$1\frac{7}{8}\times\left(2\frac{1}{3}\times1\frac{2}{7}\right)$

=

③ $\left(2\frac{5}{8}\times1\frac{1}{7}\right)\times1\frac{5}{9}$

=

$2\frac{5}{8}\times\left(1\frac{1}{7}\times1\frac{5}{9}\right)$

=

④ $\left(3\frac{3}{5}\times2\frac{2}{9}\right)\times3\frac{1}{8}$

=

$3\frac{3}{5}\times\left(2\frac{2}{9}\times3\frac{1}{8}\right)$

=

나눗셈은 순서를 바꾸어 계산하면 결과가 달라.

05 다르게 묶어 나누기

● 계산한 다음 결과를 비교해 보세요.

① $\left(1\frac{2}{3}\div1\frac{1}{9}\right)\div6$

$=\left(\frac{5}{3}\div\frac{10}{9}\right)\div6=\left(\frac{5}{3}\times\frac{9}{10}\right)\times\frac{1}{6}$

$=\frac{3}{2}\times\frac{1}{6}=\frac{1}{4}$

$1\frac{2}{3}\div\left(1\frac{1}{9}\div6\right)$

$=\frac{5}{3}\div\left(\frac{10}{9}\times\frac{1}{6}\right)=\frac{5}{3}\div\frac{5}{27}$

$=\frac{5}{3}\times\frac{27}{5}=9$

② $\left(\frac{7}{8}\div\frac{5}{12}\right)\div1\frac{2}{3}$

$=$

$\frac{7}{8}\div\left(\frac{5}{12}\div1\frac{2}{3}\right)$

$=$

③ $\left(2\frac{3}{4}\div\frac{11}{15}\right)\div5$

$=$

$2\frac{3}{4}\div\left(\frac{11}{15}\div5\right)$

$=$

④ $\left(3\frac{1}{5}\div1\frac{3}{5}\right)\div2\frac{2}{3}$

$=$

$3\frac{1}{5}\div\left(1\frac{3}{5}\div2\frac{2}{3}\right)$

$=$

혼합 계산의 성질

06 계산 결과 비교하기

더한 것에 곱하나,
곱한 것끼리 더하나 마찬가지야.

● 계산한 다음 결과를 비교해 보세요.

① $\frac{1}{5}\times\left(1\frac{1}{3}+\frac{4}{9}\right)$

$=\frac{1}{5}\times\left(\frac{4}{3}+\frac{4}{9}\right)$

$=\frac{1}{5}\times\frac{16}{9}=\frac{16}{45}$

$\frac{1}{5}\times1\frac{1}{3}+\frac{1}{5}\times\frac{4}{9}$

$=\frac{1}{5}\times\frac{4}{3}+\frac{1}{5}\times\frac{4}{9}$

$=\frac{4}{15}+\frac{4}{45}=\frac{12}{45}+\frac{4}{45}=\frac{16}{45}$

② $\frac{7}{8}\times\left(3\frac{1}{4}-1\frac{5}{7}\right)$

$=$

$\frac{7}{8}\times3\frac{1}{4}-\frac{7}{8}\times1\frac{5}{7}$

$=$

③ $1\frac{1}{4}\times\left(1\frac{3}{10}-\frac{4}{5}\right)$

$=$

$1\frac{1}{4}\times1\frac{3}{10}-1\frac{1}{4}\times\frac{4}{5}$

$=$

④ $2\frac{2}{5}\times\left(1\frac{1}{6}+\frac{5}{12}\right)$

$=$

$2\frac{2}{5}\times1\frac{1}{6}+2\frac{2}{5}\times\frac{5}{12}$

$=$

⑤ $\frac{6}{7}\times(1\frac{3}{4}+\frac{1}{2})$

$=$

$\frac{6}{7}\times1\frac{3}{4}+\frac{6}{7}\times\frac{1}{2}$

$=$

⑥ $1\frac{3}{5}\times(2\frac{3}{8}-1\frac{1}{4})$

$=$

$1\frac{3}{5}\times2\frac{3}{8}-1\frac{3}{5}\times1\frac{1}{4}$

$=$

⑦ $3\frac{1}{3}\times(2\frac{4}{5}-\frac{9}{10})$

$=$

$3\frac{1}{3}\times2\frac{4}{5}-3\frac{1}{3}\times\frac{9}{10}$

$=$

중학생이 되면
분배법칙이라고 불러.

중등

괄호가 있는 식을 풀어서 계산할 수도 있어.

$\frac{1}{5}\times(1\frac{2}{3}+\frac{5}{6})=\frac{1}{5}\times1\frac{2}{3}+\frac{1}{5}\times\frac{5}{6}$

$3\times(2+5)=3\times2+3\times5$

$a\times(b+c)=a\times b+a\times c$

÷6 나누어떨어지는 소수의 나눗셈

나누는 수를 자연수로 바꿔서 계산해.

- 4.5 ÷ 0.9

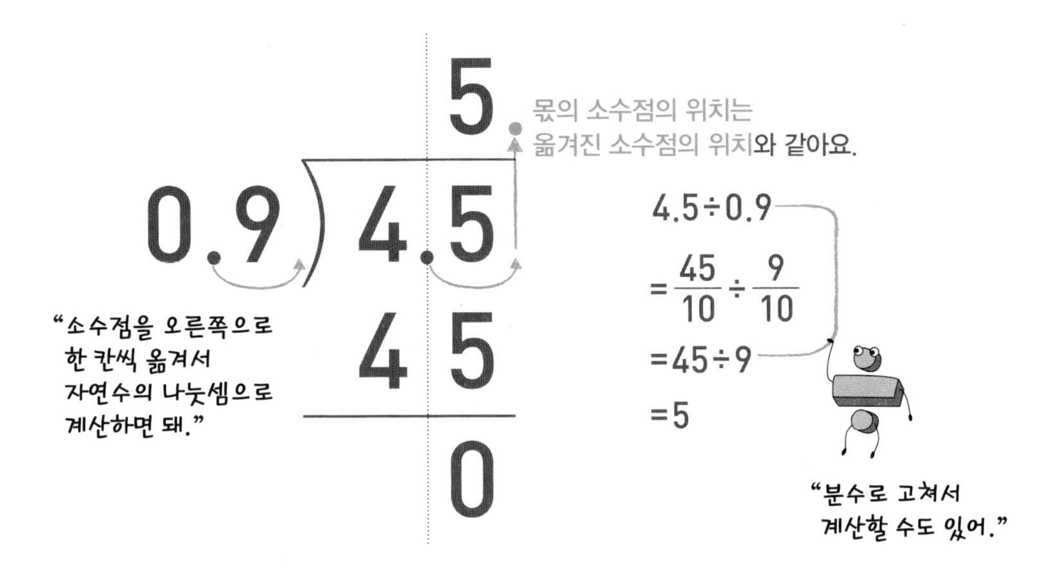

5
몫의 소수점의 위치는
옮겨진 소수점의 위치와 같아요.
0.9)4.5
45
0
"소수점을 오른쪽으로
한 칸씩 옮겨서
자연수의 나눗셈으로
계산하면 돼."
4.5÷0.9
=45/10÷9/10
=45÷9
=5
"분수로 고쳐서
계산할 수도 있어."

- 4.56 ÷ 3.8

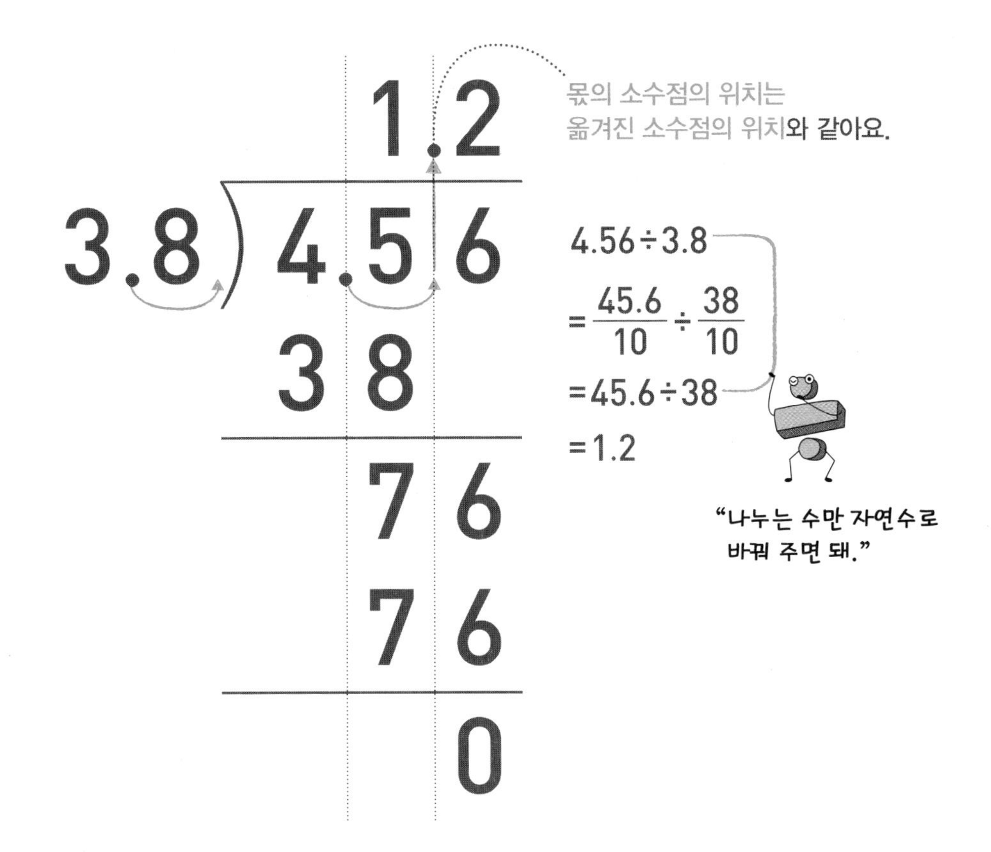

나누어지는 수와 나누는 수의 소수점을 같은 칸만큼 똑같이 옮겨 봐.

01 소수점을 옮겨서 계산하기

● 빈칸에 알맞은 수를 써 보세요.

① $7.2 \div 0.9 = 72 \div$ 9 $=$ 8

소수점을 오른쪽으로 한 칸씩 움직여서 나누는 수를 자연수로 만들어요.

② $8.4 \div 1.4 = 84 \div$ ______ $=$ ______

③ $1.98 \div 0.06 = 198 \div$ ______ $=$ ______

④ $6.25 \div 2.5 = 62.5 \div$ ______ $=$ ______

⑤ $3.04 \div 0.4 = 30.4 \div$ ______ $=$ ______

소수점 아래 끝 자리에는 0이 계속 있다고 생각할 수 있어요.

⑥ $12.40 \div 1.24 = 1240 \div$ ______ $=$ ______

⑦ $20.8 \div 0.32 = 2080 \div$ ______ $=$ ______

⑧ $15.3 \div 0.17 = 1530 \div$ ______ $=$ ______

나누는 수가 자연수가 되도록 소수점을 옮겨서 계산해.

나눗셈의 원리

02 (소수)÷(소수)의 세로셈

● 나누어떨어질 때까지 계산해 보세요.

①

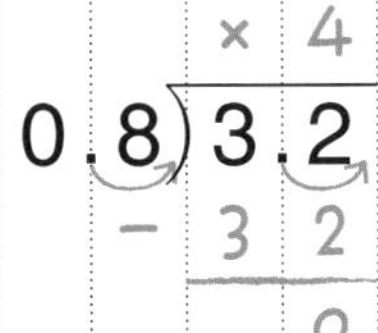

0.8)3.2

× 4

− 3 2

0

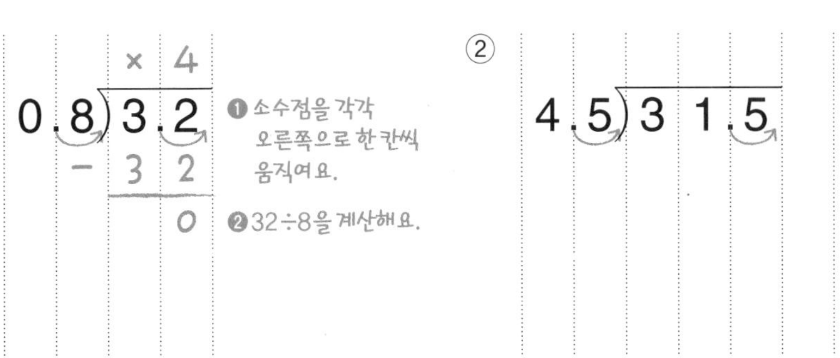

❶ 소수점을 각각 오른쪽으로 한 칸씩 움직여요.

❷ 32÷8을 계산해요.

② 4.5)3 1.5

③

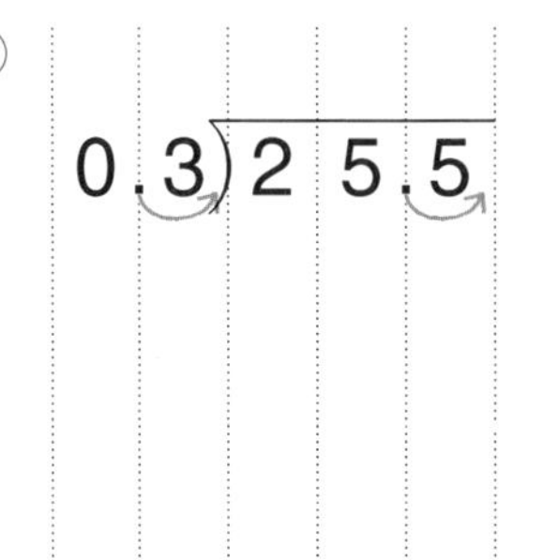

0.3)2 5.5

④

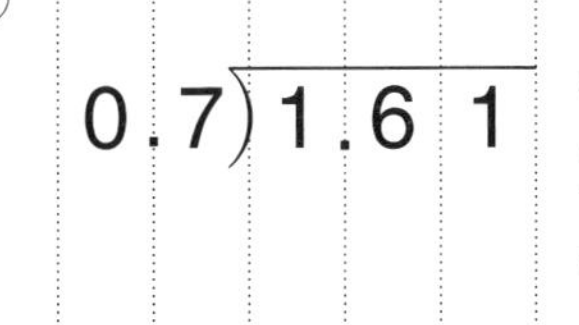

0.7)1.6 1

몫의 소수점은 옮겨진 소수점과 같은 위치에 찍어요.

⑤ 0.5 8)5.2 2

⑥

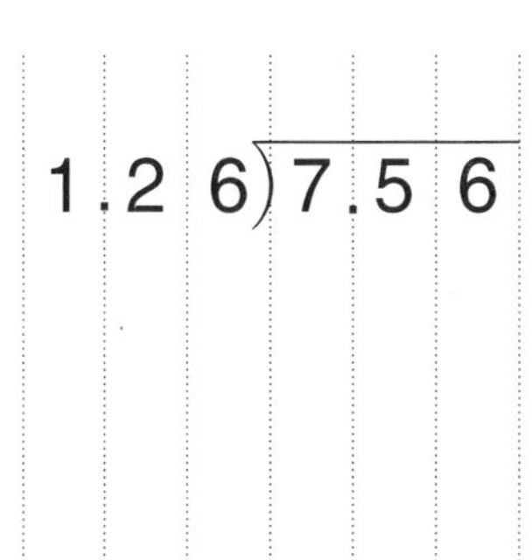

1.2 6)7.5 6

⑦

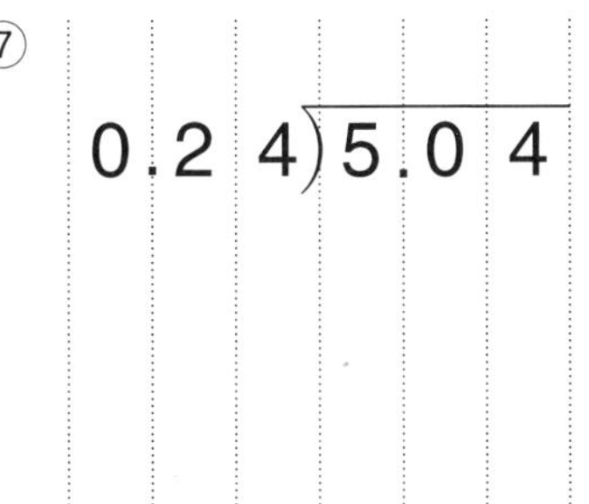

0.2 4)5.0 4

⑧

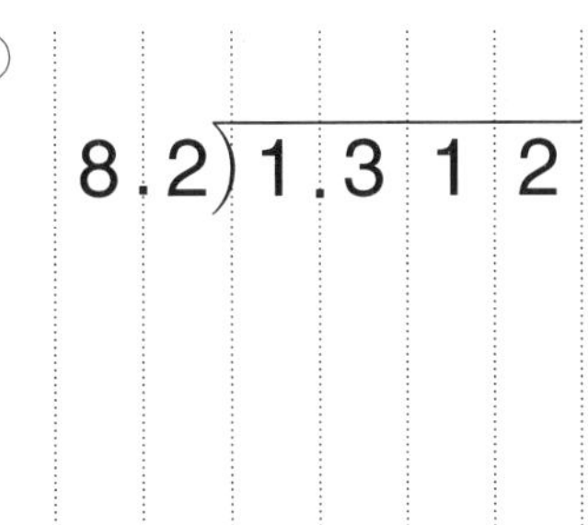

8.2)1.3 1 2

⑨

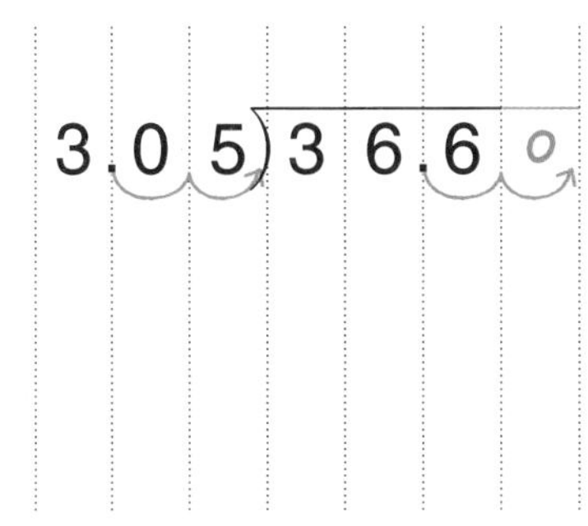

3.0 5)3 6.6 0

⑩

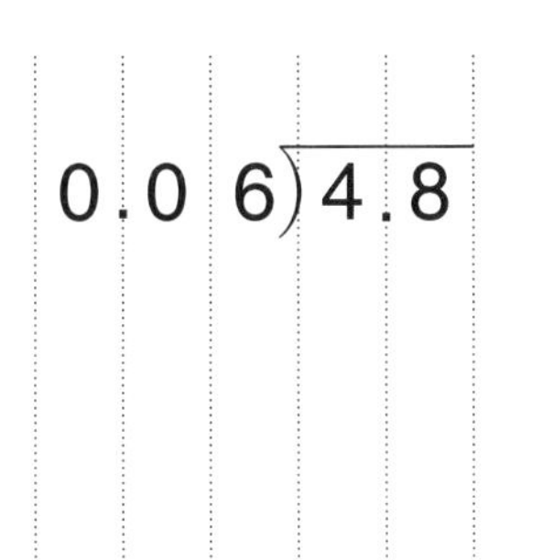

0.0 6)4.8

⑪ 2.8)8 9.6

⑫

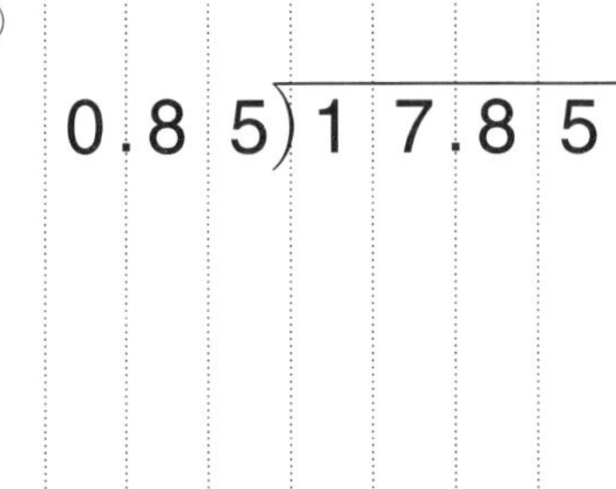

0.8 5)1 7.8 5

⑬ $0.9\overline{)5.4}$

⑭ $5.6\overline{)33.6}$

⑮ $0.5\overline{)3.5}$

⑯ $0.4\overline{)9.6}$

⑰ $0.2\overline{)1.84}$

⑱ $3.5\overline{)45.5}$

⑲ $0.38\overline{)3.04}$

⑳ $3.14\overline{)9.42}$

㉑ $0.29\overline{)9.86}$

㉒ $2.7\overline{)1.701}$

㉓ $1.68\overline{)1.344}$

㉔ $0.07\overline{)4.9}$

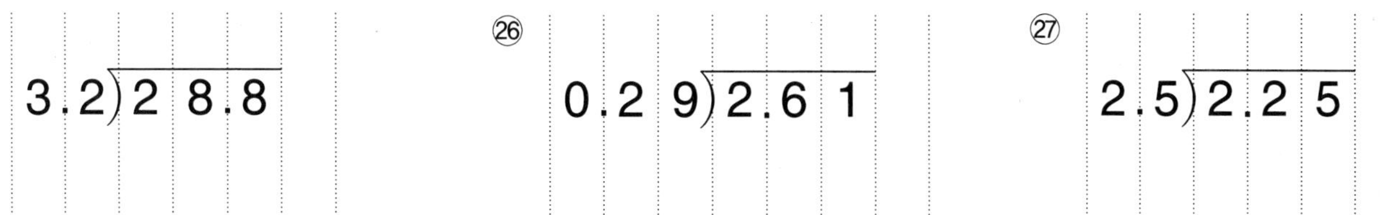
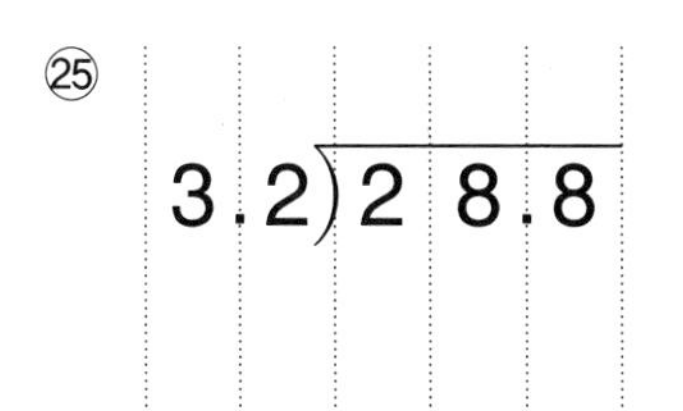

㉕ $3.2\overline{)28.8}$

㉖ $0.29\overline{)2.61}$

㉗ $2.5\overline{)2.25}$

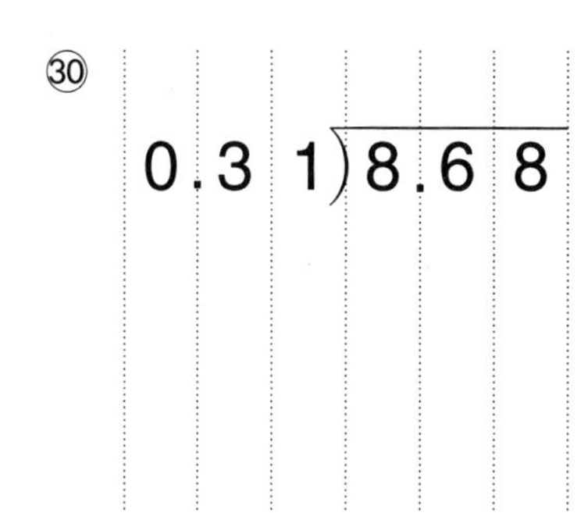

㉘ $0.8\overline{)14.4}$

㉙ $4.07\overline{)12.21}$

㉚ $0.31\overline{)8.68}$

㉛ $9.2\overline{)4.232}$

㉜ $1.83\overline{)1.647}$

㉝ $0.09\overline{)7.2}$

㉞ $1.5\overline{)19.5}$

㉟ $0.26\overline{)13.78}$

㊱ $7.8\overline{)5.226}$

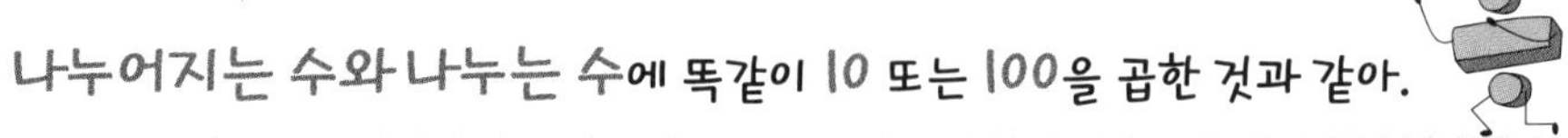

나누어지는 수와 나누는 수에 똑같이 10 또는 100을 곱한 것과 같아.

03 (자연수)÷(소수)의 세로셈

● 나누어떨어질 때까지 계산해 보세요.

① $1.5\overline{)12}$

(예시: 몫 8, $15\overline{)120}$, -120, 0)

❶ 자연수 뒤에 소수점과 0이 있다고 생각하고 소수점을 각각 오른쪽으로 한 칸씩 움직여요.
❷ 120÷15를 계산해요.

② $3.5\overline{)49}$

③ $0.26\overline{)13}$

④ $5.6\overline{)28}$

⑤ $4.2\overline{)63}$

⑥ $0.85\overline{)17}$

⑦ $3.8\overline{)95}$

⑧ $6.5\overline{)286}$

⑨ $1.75\overline{)77}$

⑩ $1.2\overline{)78}$

⑪ $0.24\overline{)6}$

⑫ $0.64\overline{)32}$

⑬ $7.4\overline{)148}$

⑭ $1.25\overline{)60}$

⑮ $0.25\overline{)1}$

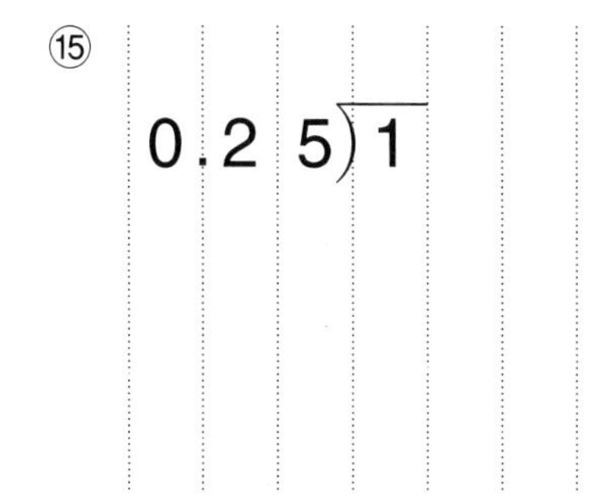

⑯ $1.5\overline{)27}$

⑰ $0.75\overline{)48}$

⑱ $0.32\overline{)8}$

⑲ $2.8\overline{)98}$

⑳ $1.24\overline{)62}$

㉑ $1.25\overline{)5}$

㉒ $6.2\overline{)93}$

㉓ $0.52\overline{)13}$

㉔ $0.36\overline{)9}$

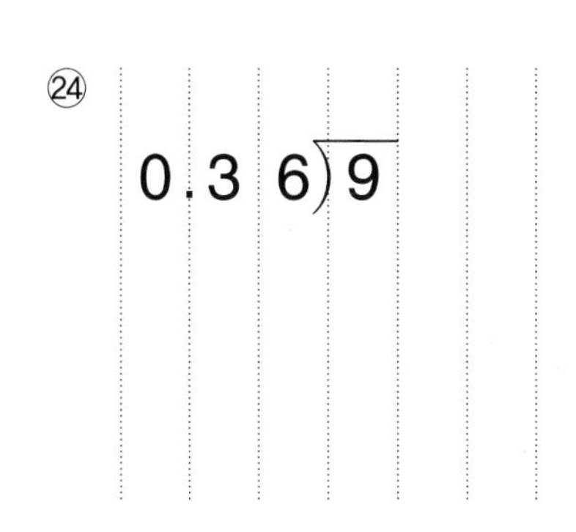

나누어지는 수와 나누는 수에 똑같이 10 또는 100을 곱한 것과 같아.

㉕ $3.4\overline{)51}$

㉖ $0.84\overline{)42}$

㉗ $6.25\overline{)100}$

㉘ $1.8\overline{)63}$

㉙ $1.36\overline{)68}$

㉚ $5.44\overline{)408}$

㉛ $8.5\overline{)204}$

㉜ $4.25\overline{)51}$

㉝ $2.36\overline{)118}$

㉞ $2.5\overline{)80}$

㉟ $0.96\overline{)48}$

㊱ $4.75\overline{)456}$

04 가로셈

가로셈은 자리를 맞추어 세로셈으로 고쳐서 계산해.

● 나눗셈의 몫을 구해 보세요.

① $12.96 \div 3.6$

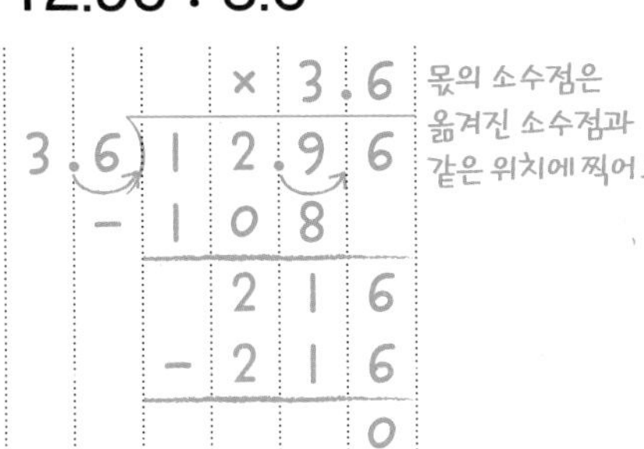

3.6
3.6) 12.96
− 108
216
− 216
0
몫의 소수점은 옮겨진 소수점과 같은 위치에 찍어요.
세로셈으로 나타내어 나누어떨어질 때까지 계산해요.

② $78.4 \div 5.6$

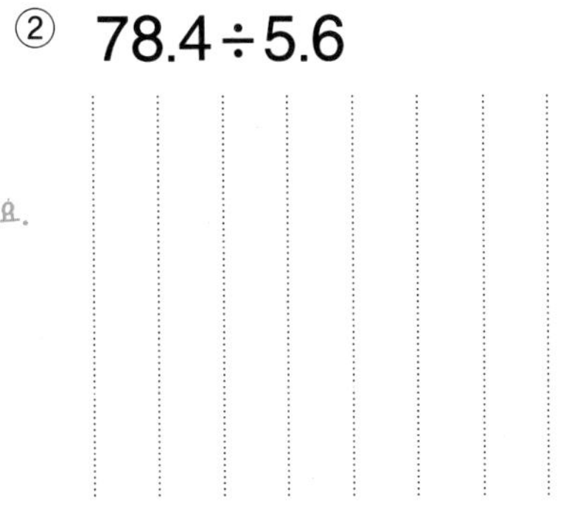

③ $0.344 \div 0.8$

④ $26.7 \div 8.9$

⑤ $0.42 \div 0.06$

⑥ $3.36 \div 0.42$

⑦ $13.14 \div 2.19$

⑧ $0.612 \div 0.68$

⑨ $47.45 \div 6.5$

⑩ $71.76 \div 3.12$

⑪ $20.3 \div 4.06$

⑫ $0.26 \div 0.5$

가로셈은 자리를 맞추어 세로셈으로 고쳐서 계산해.

⑬ $7.2 \div 0.8$

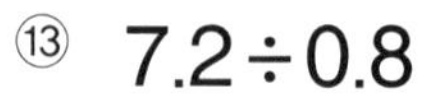

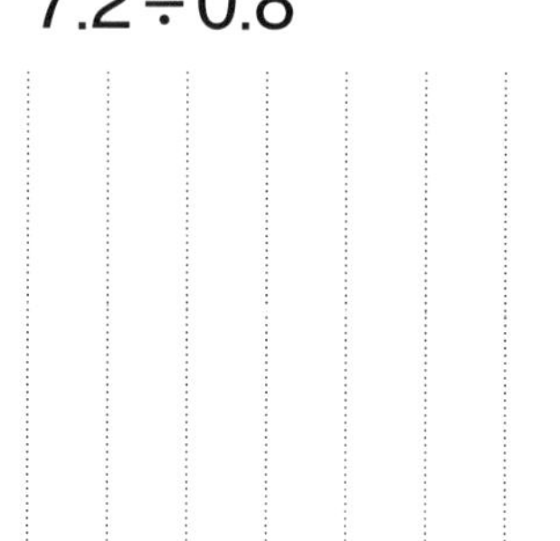

⑭ $1.04 \div 0.26$

⑮ $2.4 \div 0.08$

⑯ $5.98 \div 0.46$

⑰ $16.32 \div 6.8$

⑱ $35.1 \div 2.7$

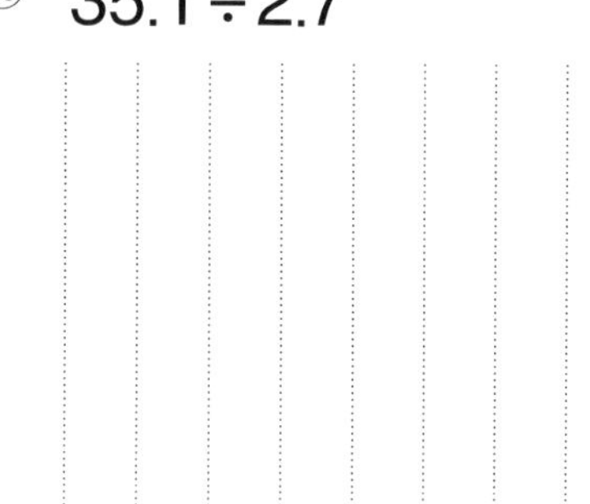

⑲ $0.18 \div 0.4$

⑳ $3.12 \div 0.12$

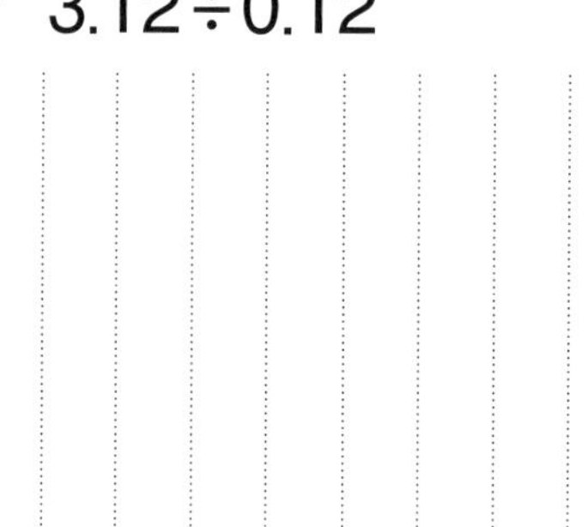

㉑ $43.71 \div 9.3$

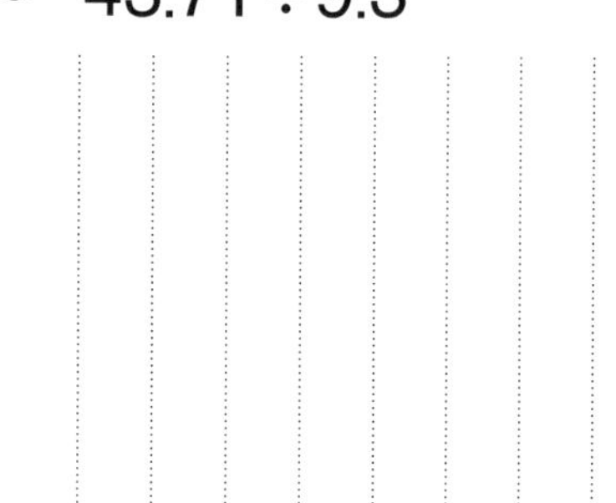

㉒ $3.78 \div 0.21$

㉓ $67.58 \div 2.18$

㉔ $48.4 \div 6.05$

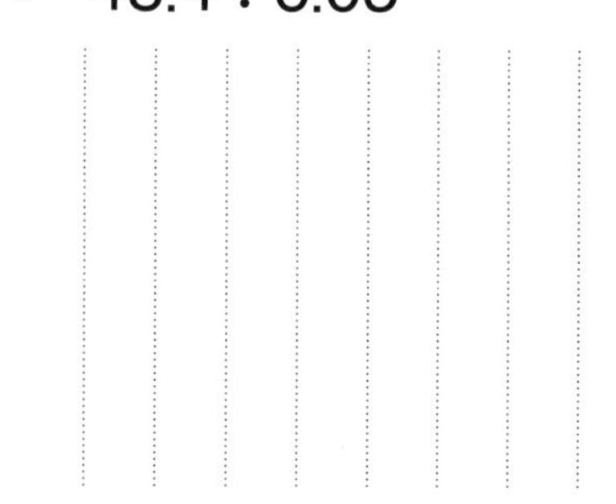

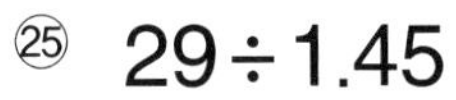

㉕ $29 \div 1.45$

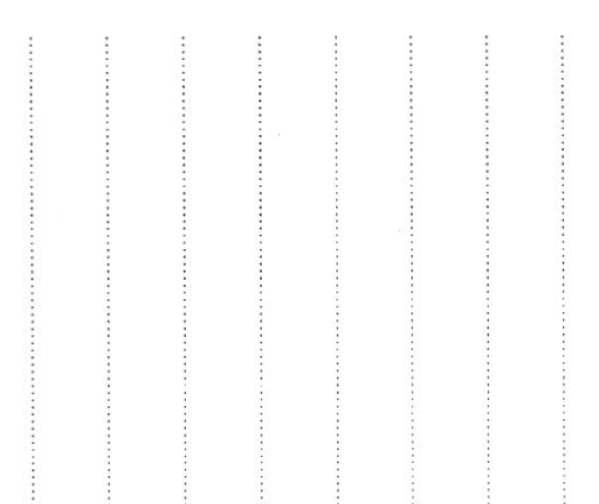

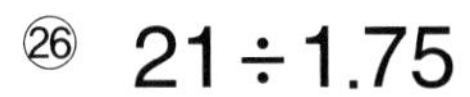

㉖ $21 \div 1.75$

㉗ $58 \div 2.32$

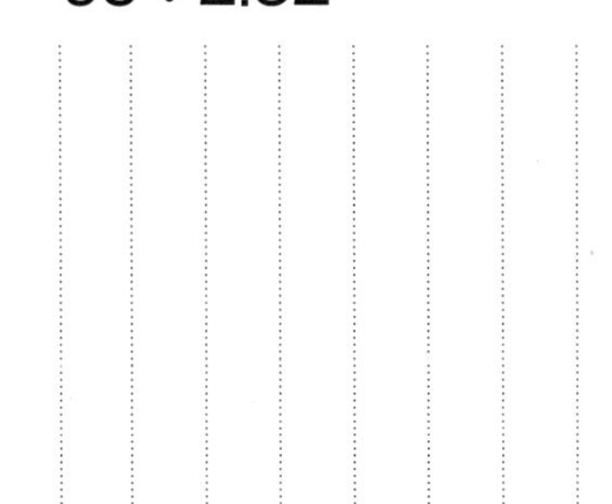

㉘ $96 \div 6.4$

㉙ $88 \div 3.52$

㉚ $18 \div 4.5$

㉛ $312 \div 7.8$

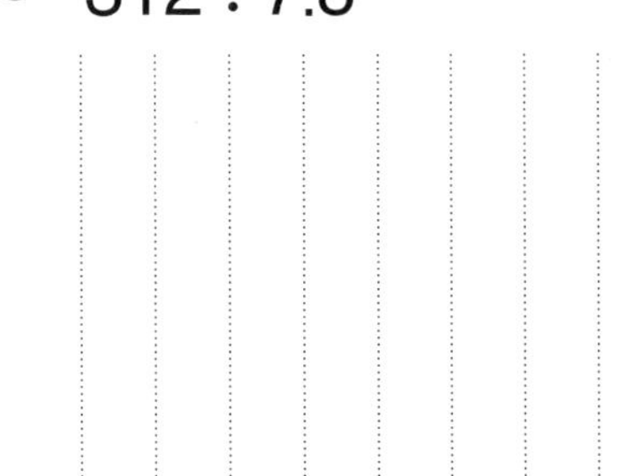

㉜ $57 \div 1.14$

㉝ $78 \div 6.5$

㉞ $21 \div 3.5$

㉟ $12 \div 0.24$

㊱ $189 \div 5.4$

가로셈은 자리를 맞추어 세로셈으로 고쳐서 계산해.

㊲ $312 \div 4.8$

㊳ $492 \div 8.2$

㊴ $99 \div 2.75$

㊵ $70 \div 8.75$

㊶ $102 \div 3.4$

㊷ $36 \div 2.4$

㊸ $296 \div 7.4$

㊹ $83 \div 3.32$

㊺ $69 \div 1.15$

㊻ $99 \div 2.25$

㊼ $116 \div 5.8$

㊽ $53 \div 2.12$

나누는 수에 따라 몫이 어떻게 달라지는지 살펴봐.

05 여러 가지 수로 나누기

● 나눗셈의 몫을 구해 보세요.

① $6.3 \div 0.9 =$ 7

$6.3 \div 0.09 =$ 70

$6.3 \div 0.009 =$ 700

나누는 수가 $\frac{1}{10}$배가 되면 몫은 10배가 돼요.

② $4.5 \div 0.5 =$

$4.5 \div 0.05 =$

$4.5 \div 0.005 =$

③ $1.8 \div 0.3 =$

$1.8 \div 0.03 =$

$1.8 \div 0.003 =$

④ $2.4 \div 0.6 =$

$2.4 \div 0.06 =$

$2.4 \div 0.006 =$

⑤ $15.6 \div 2.6 =$

$15.6 \div 0.26 =$

$15.6 \div 0.026 =$

⑥ $4.32 \div 7.2 =$

$4.32 \div 0.72 =$

$4.32 \div 0.072 =$

⑦ $35.4 \div 5.9 =$

$35.4 \div 0.59 =$

$35.4 \div 0.059 =$

⑧ $9.1 \div 6.5 =$

$9.1 \div 0.65 =$

$9.1 \div 0.065 =$

⑨ $0.32 \div 0.004 =$

$0.32 \div 0.04 =$

$0.32 \div 0.4 =$

나누는 수가 10배가 되면 몫은 어떻게 될까요?

⑩ $6.3 \div 0.007 =$

$6.3 \div 0.07 =$

$6.3 \div 0.7 =$

⑪ $0.28 \div 0.014 =$

$0.28 \div 0.14 =$

$0.28 \div 1.4 =$

⑫ $1.04 \div 0.002 =$

$1.04 \div 0.02 =$

$1.04 \div 0.2 =$

⑬ $2.205 \div 0.063 =$

$2.205 \div 0.63 =$

$2.205 \div 6.3 =$

⑭ $59.2 \div 0.016 =$

$59.2 \div 0.16 =$

$59.2 \div 1.6 =$

⑮ $49.28 \div 0.308 =$

$49.28 \div 3.08 =$

$49.28 \div 30.8 =$

⑯ $6 \div 0.025 =$

$6 \div 0.25 =$

$6 \div 2.5 =$

나누어지는 수에 따라 몫이 어떻게 달라지는지 살펴봐.

06 정해진 수로 나누기

● 나눗셈의 몫을 구해 보세요.

① $0.48 \div 0.6 =$ 0.8

$4.8 \div 0.6 =$ 8

$48 \div 0.6 =$ 80

나누어지는 수가 10배가 되면 몫도 10배가 돼요.

② $0.14 \div 0.2 =$

$1.4 \div 0.2 =$

$14 \div 0.2 =$

③ $0.32 \div 0.8 =$

$3.2 \div 0.8 =$

$32 \div 0.8 =$

④ $0.49 \div 0.7 =$

$4.9 \div 0.7 =$

$49 \div 0.7 =$

⑤ $4.41 \div 0.9 =$

$44.1 \div 0.9 =$

$441 \div 0.9 =$

⑥ $3.68 \div 4.6 =$

$36.8 \div 4.6 =$

$368 \div 4.6 =$

⑦ $3.384 \div 5.64 =$

$33.84 \div 5.64 =$

$338.4 \div 5.64 =$

⑧ $0.182 \div 0.07 =$

$1.82 \div 0.07 =$

$18.2 \div 0.07 =$

⑨ $15 \div 0.3 =$

$1.5 \div 0.3 =$

$0.15 \div 0.3 =$

나누어지는 수가 $\frac{1}{10}$배가 되면 몫은 어떻게 될까요?

⑩ $36 \div 0.4 =$

$3.6 \div 0.4 =$

$0.36 \div 0.4 =$

⑪ $245 \div 0.35 =$

$24.5 \div 0.35 =$

$2.45 \div 0.35 =$

⑫ $261.5 \div 0.5 =$

$26.15 \div 0.5 =$

$2.615 \div 0.5 =$

⑬ $227.5 \div 1.3 =$

$22.75 \div 1.3 =$

$2.275 \div 1.3 =$

⑭ $26 \div 0.65 =$

$2.6 \div 0.65 =$

$0.26 \div 0.65 =$

⑮ $614.2 \div 7.4 =$

$61.42 \div 7.4 =$

$6.142 \div 7.4 =$

⑯ $172.8 \div 4.8 =$

$17.28 \div 4.8 =$

$1.728 \div 4.8 =$

07 검산하기

몫에 나누는 수를 곱해서 나누어지는 수가 되면 정답!

● 나눗셈을 하고 검산을 해 보세요.

① $0.3\overline{)3.6}$ (몫 12; 3, 6, 6, 0) → 12 × 0.3 = 3.6

몫에 나누는 수를 곱해서 나누어지는 수가 되었으므로 ↓ 나눗셈을 바르게 한 거예요.

② $0.9\overline{)13.5}$ → □ × 0.9 = □

③ $1.4\overline{)11.2}$ → □ × 1.4 = □

④ $2.5\overline{)22.5}$ → □ × 2.5 = □

⑤ $3.08\overline{)12.32}$ → □ × 3.08 = □

⑥ $4.5\overline{)18}$ → □ × 4.5 = □

⑦ $8.3\overline{)4.067}$ → □ × 8.3 = □

⑧ $71.2\overline{)356}$ → □ × 71.2 = □

⑨ $0.6\overline{)9.6}$ → $\square \times 0.6 = \square$

⑩ $0.7\overline{)16.1}$ → $\square \times 0.7 = \square$

⑪ $7.2\overline{)50.4}$ → $\square \times 7.2 = \square$

⑫ $0.82\overline{)2.46}$ → $\square \times 0.82 = \square$

⑬ $2.3\overline{)158.7}$ → $\square \times 2.3 = \square$

⑭ $15.6\overline{)78}$ → $\square \times 15.6 = \square$

⑮ $0.18\overline{)45}$ → $\square \times 0.18 = \square$

⑯ $4.1\overline{)3.444}$ → $\square \times 4.1 = \square$

08 모르는 수 구하기

곱셈식을 나눗셈식으로 나타내 봐.

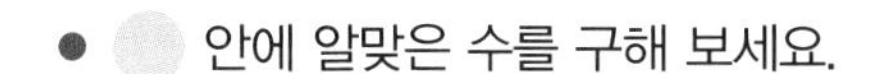

● ◯ 안에 알맞은 수를 구해 보세요.

① ◯ $\times 0.6 = 4.2$

◯ = 4.2÷0.6=7

② ◯ $\times 0.45 = 2.25$

◯ =

③ ◯ $\times 0.09 = 1.08$

◯ =

④ ◯ $\times 2.6 = 3.38$

◯ =

⑤ ◯ $\times 0.5 = 0.59$

◯ =

⑥ ◯ $\times 0.37 = 20.72$

◯ =

⑦ ◯ $\times 3.2 = 2.368$

◯ =

⑧ ◯ $\times 0.9 = 1.242$

◯ =

⑨ ◯ $\times 0.79 = 66.36$

◯ =

⑩ ◯ $\times 0.24 = 6$

◯ =

⑪ ◯ $\times 2.53 = 88.55$

◯ =

⑫ ◯ $\times 0.19 = 0.703$

◯ =

나누는 수와 나누어지는 수, 몫 사이의 관계를 이용하여 구해 봐.

09 나눗셈식 완성하기

● 빈칸에 알맞은 수를 써 보세요.

① 51.6 ÷ 4.3 = 12

$\frac{1}{10}$배 ↓ ↓ 나누는 수가 같아요. 몫은 $\frac{1}{10}$배

5.16 ÷ 4.3 = 1.2

② 17.5 ÷ 0.7 = ______

______ ÷ 0.7 = 2.5

③ 5.13 ÷ 1.9 = ______

______ ÷ 1.9 = 27

④ 2.53 ÷ 5.06 = ______

______ ÷ 5.06 = 5

⑤ 54.88 ÷ 3.43 = ______

______ ÷ 3.43 = 1.6

⑥ 5.36 ÷ 6.7 = ______

______ ÷ 6.7 = 8

⑦ 14.31 ÷ 1.59 = ______

______ ÷ 1.59 = 0.9

⑧ 1.568 ÷ 2.24 = ______

______ ÷ 2.24 = 7

⑨ 0.147 ÷ 0.49 = ______

______ ÷ 0.49 = 30

⑩ 651.2 ÷ 4.07 = ______

______ ÷ 4.07 = 1.6

⑪ $28.8 \div 3.6 =$ 8

나누어지는 수가 같아요. / $\frac{1}{10}$배 / 몫은 10배

$28.8 \div$ 0.36 $= 80$

⑫ $31.5 \div 4.5 =$ ______

$31.5 \div$ ______ $= 70$

⑬ $4.32 \div 0.48 =$ ______

$4.32 \div$ ______ $= 0.9$

⑭ $9.03 \div 0.21 =$ ______

$9.03 \div$ ______ $= 4.3$

⑮ $48.14 \div 8.3 =$ ______

$48.14 \div$ ______ $= 58$

⑯ $42.51 \div 1.09 =$ ______

$42.51 \div$ ______ $= 3.9$

⑰ $1.852 \div 4.63 =$ ______

$1.852 \div$ ______ $= 4$

⑱ $36.72 \div 7.2 =$ ______

$36.72 \div$ ______ $= 0.51$

⑲ $1.431 \div 1.59 =$ ______

$1.431 \div$ ______ $= 90$

⑳ $92.52 \div 5.14 =$ ______

$92.52 \div$ ______ $= 0.18$

÷ 7 나머지가 있는 소수의 나눗셈

몫의 소수점의 위치와 나머지의 소수점의 위치는 달라.

● 2.5 ÷ 0.7

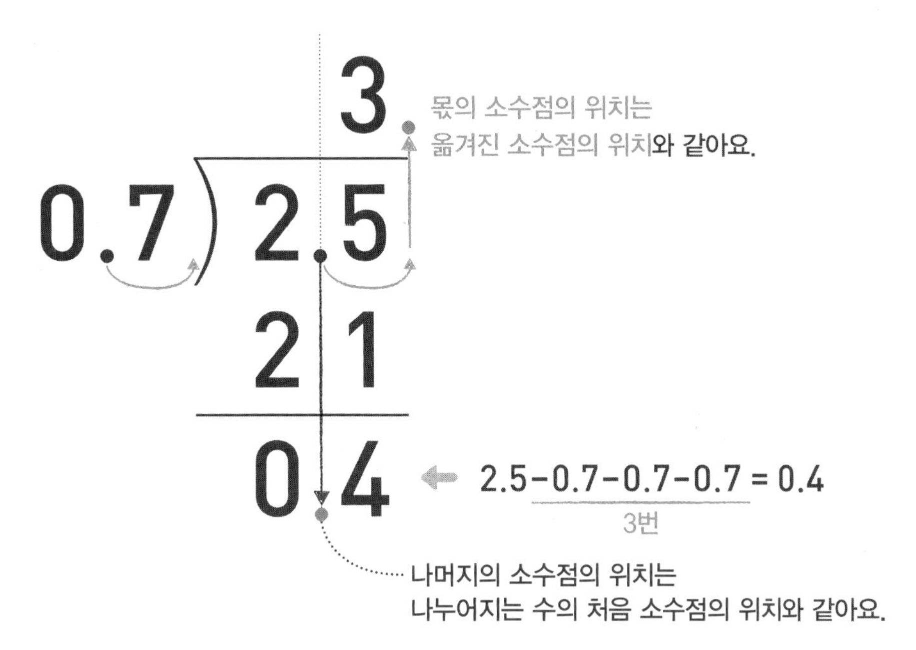

몫의 소수점의 위치는
옮겨진 소수점의 위치와 같아요.
2.5−0.7−0.7−0.7 = 0.4
3번
나머지의 소수점의 위치는
나누어지는 수의 처음 소수점의 위치와 같아요.

검산: $0.7 \times 3 + 0.4 = 2.5$

나누어떨어지지 않는 나눗셈의 몫은 어림해서 나타낼 수도 있어.

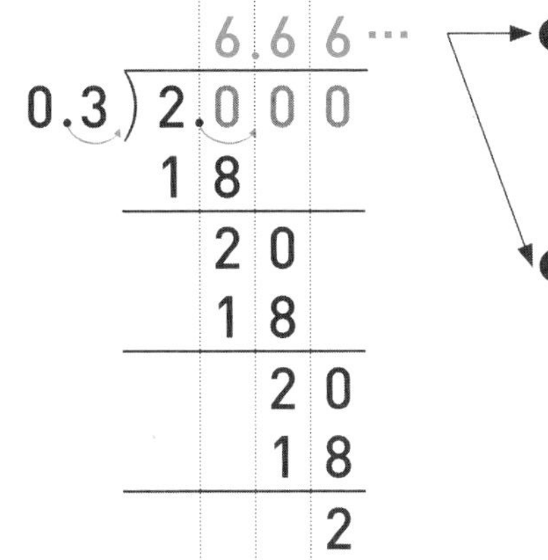

❶ 반올림하여 소수 첫째 자리까지 나타내기

6.66 ⋯ → 6.7

소수 둘째 자리에서 반올림해요.

❷ 반올림하여 소수 둘째 자리까지 나타내기

6.666 ⋯ → 6.67

소수 셋째 자리에서 반올림해요.

곱셈을 한 다음 몫이 몇쯤 될지 먼저 생각해 봐.

01 곱을 이용하여 몫 어림하기

● 곱셈을 하여 나눗셈의 몫을 생각한 다음 몫과 나머지를 구해 보세요.

① $15 \times 4 = 60$ ➡ $1.5\overline{)6.4}$

$\times 4$ ❶ 나누는 수를 자연수로 만들어요.
❷ 64에 60이 가까우므로 몫을 4로 예상할 수 있어요.

-6.0, 0.4

② 9×5 ➡ $0.9\overline{)4.6}$

③ 7×7 ➡ $0.7\overline{)5.3}$

④ 9×7 ➡ $0.9\overline{)6.7}$

⑤ 12×9 ➡ $1.2\overline{)11.2}$

⑥ 26×5 ➡ $2.6\overline{)13.7}$

⑦ 43×8 ➡ $4.3\overline{)36.2}$

⑧ 39×6 ➡ $3.9\overline{)24.3}$

⑨

$$\begin{array}{r} 48 \\ \times \quad 6 \\ \hline \end{array} \Rightarrow 4.8\overline{)29.2}$$

⑩

$$\begin{array}{r} 85 \\ \times \quad 7 \\ \hline \end{array} \Rightarrow 8.5\overline{)60.2}$$

⑪

$$\begin{array}{r} 13 \\ \times \quad 8 \\ \hline \end{array} \Rightarrow 0.13\overline{)1.16}$$

⑫

$$\begin{array}{r} 48 \\ \times \quad 5 \\ \hline \end{array} \Rightarrow 0.48\overline{)2.63}$$

⑬

$$\begin{array}{r} 54 \\ \times \quad 2 \\ \hline \end{array} \Rightarrow 0.54\overline{)1.21}$$

⑭

$$\begin{array}{r} 184 \\ \times \quad 3 \\ \hline \end{array} \Rightarrow 1.84\overline{)6.19}$$

⑮

$$\begin{array}{r} 124 \\ \times \quad 5 \\ \hline \end{array} \Rightarrow 1.24\overline{)6.4}$$

⑯

$$\begin{array}{r} 235 \\ \times \quad 8 \\ \hline \end{array} \Rightarrow 2.35\overline{)20.4}$$

나눗셈의 원리

02 세로셈

몫의 소수점의 위치와 나머지의 소수점의 위치에 주의해야 해.

● 나눗셈의 몫을 자연수까지 구하고 나머지를 알아보세요.

① $0.3\overline{)2.9}$ → 몫 9, $2\ 7$, 나머지 0.2

몫의 소수점의 위치: 옮겨진 소수점의 위치

나머지의 소수점의 위치: 나누어지는 수의 처음 소수점의 위치

알지?

$2.9 \div 0.3 = 9 \cdots 0.2$

2.9에 0.3이 9번 들어가고 0.2가 남는다.

② $2.7\overline{)15.6}$

③ $0.8\overline{)26.7}$

④ $0.6\overline{)31.3}$

⑤ $0.64\overline{)4.12}$

⑥ $2.14\overline{)6.54}$

⑦ $0.36\overline{)6.69}$

⑧ $0.21\overline{)12.3}$

⑨ $2.18\overline{)8.555}$

⑩ $3.9\overline{)21.77}$

⑪ $1.3\overline{)20}$

⑫ $85 \div 3.14$ (3.14)85

⑬ 0.6)3.5

⑭ 2.9)14.8

⑮ 0.8)20.4

⑯ 0.2)11.3

⑰ 0.58)1.68

⑱ 2.07)7.29

⑲ 0.84)9.15

⑳ 0.65)8.2

㉑ 9.4)82.15

㉒ 4.8)63

㉓ 2.64)74

몫의 소수점의 위치와
나머지의 소수점의 위치에 주의해야 해.

㉔ $1.2\overline{)3.1}$

㉕ $3.8\overline{)19.1}$

㉖ $0.4\overline{)82.1}$

㉗ $0.9\overline{)18.3}$

㉘ $0.21\overline{)0.87}$

㉙ $1.25\overline{)7.24}$

㉚ $0.46\overline{)8.58}$

㉛ $0.93\overline{)8.2}$

㉜ $0.74\overline{)5.789}$

㉝ $4.3\overline{)13.08}$

㉞ $6.2\overline{)89}$

㉟ $5.07\overline{)44}$

나눗셈의 원리

03 가로셈

세로셈으로 쓰면 계산하기 쉬워.

● 나눗셈의 몫을 자연수까지 구하고 나머지를 알아보세요.

① $3.1 \div 0.6$

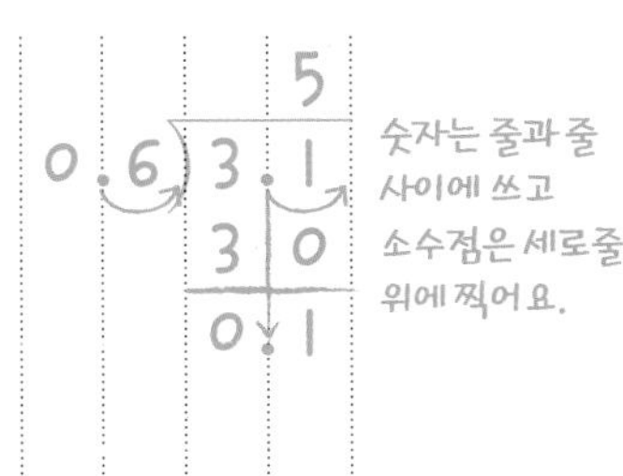

숫자는 줄과 줄
사이에 쓰고
소수점은 세로줄
위에 찍어요.

② $24.67 \div 6.1$

③ $254 \div 60.5$

④ $45.5 \div 7.9$

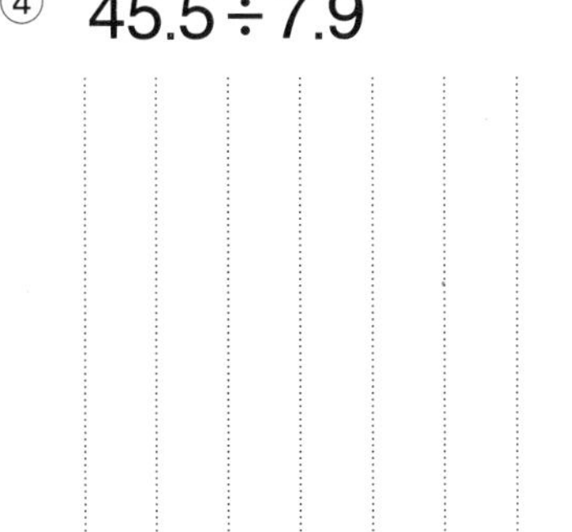

⑤ $90.24 \div 24.3$

⑥ $10.5 \div 3.12$

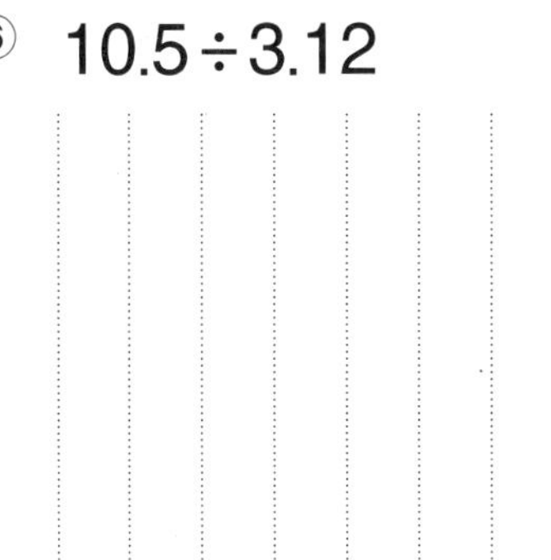

⑦ $7.519 \div 1.6$

⑧ $0.721 \div 0.13$

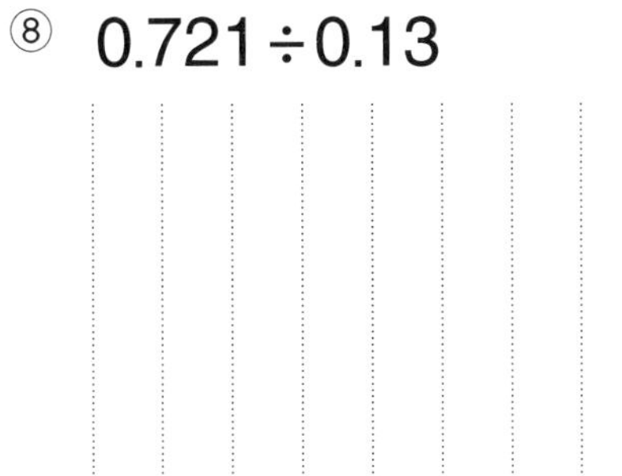

⑨ $30.96 \div 6.9$

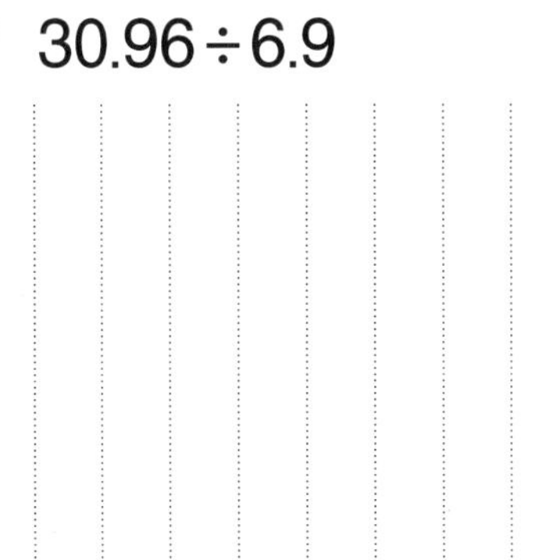

⑩ 3.09÷0.7

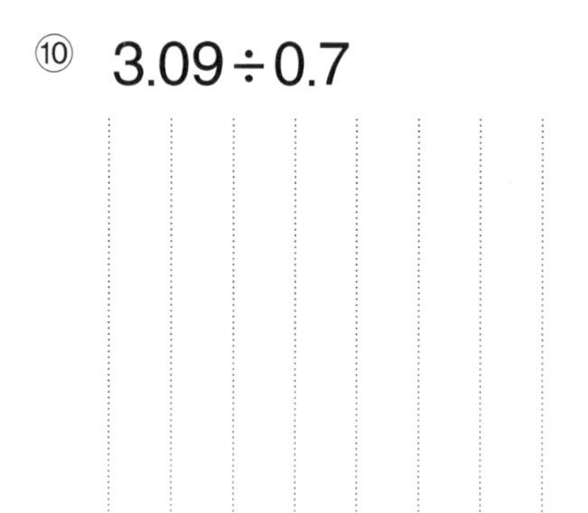

⑪ 3.21÷0.64

⑫ 30.91÷8.4

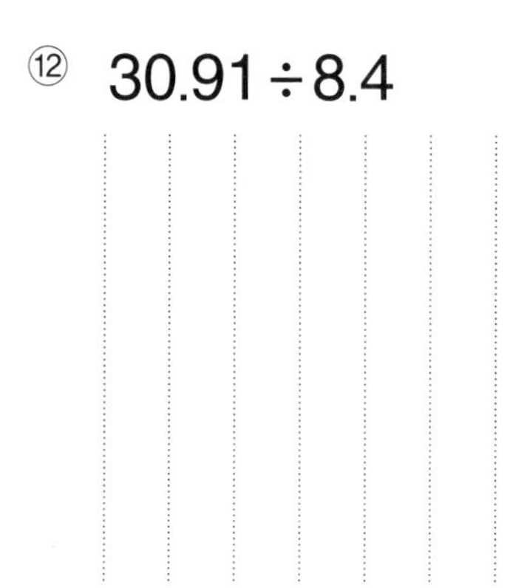

⑬ 102÷34.5

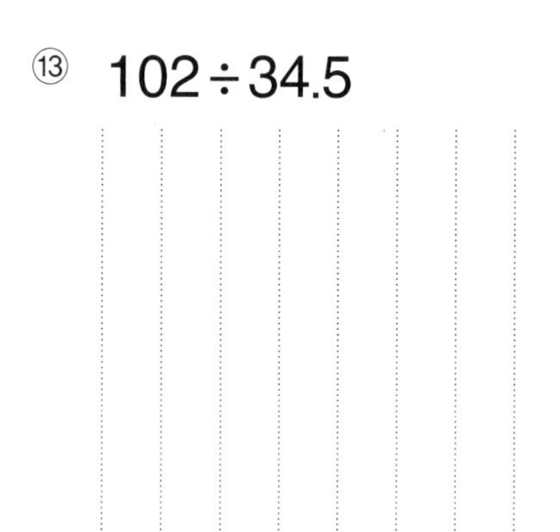

⑭ 36÷17.9

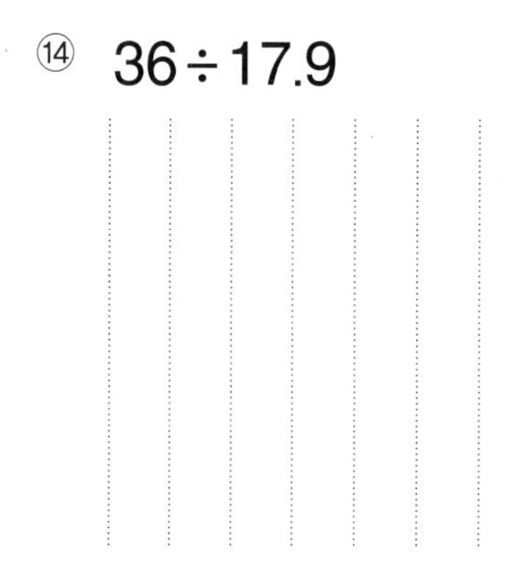

⑮ 20.3÷6.4

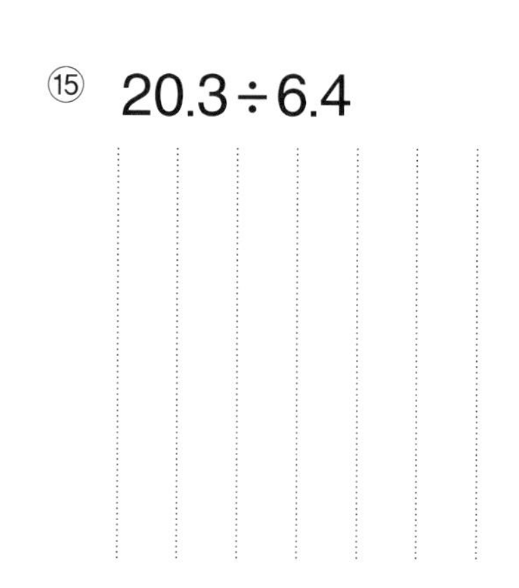

⑯ 5.14÷0.38

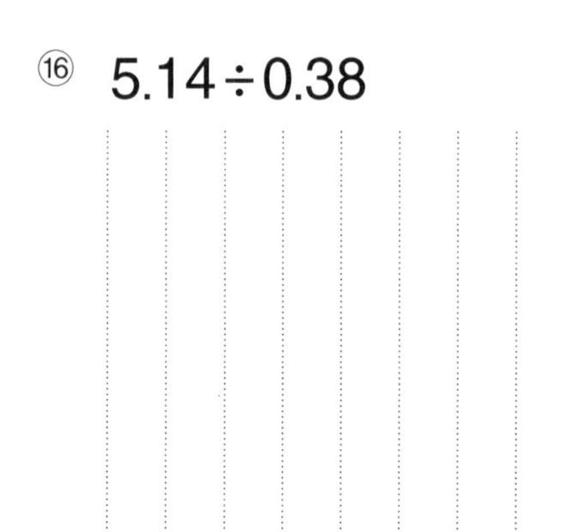

⑰ 1.07÷0.03

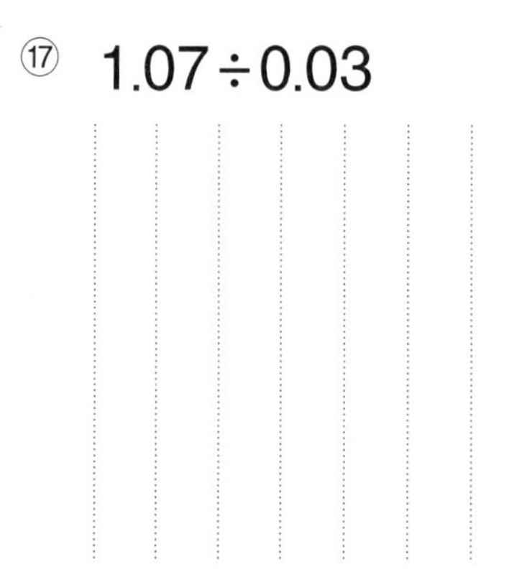

⑱ 207.3÷5.2

⑲ $5.85 \div 0.8$

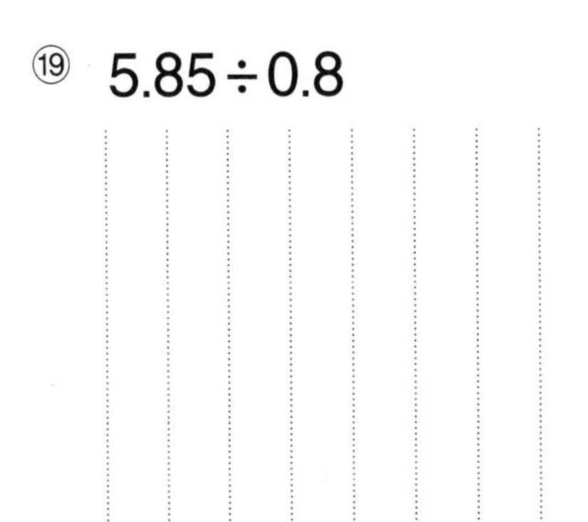

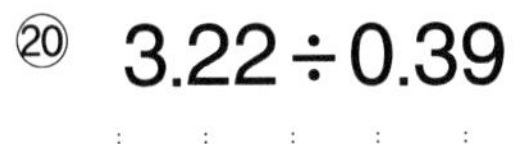

⑳ $3.22 \div 0.39$

㉑ $0.25 \div 0.09$

㉒ $28.24 \div 2.5$

㉓ $56.49 \div 4.6$

㉔ $62.1 \div 6.27$

㉕ $57.17 \div 2.18$

㉖ $162.1 \div 12.4$

㉗ $156 \div 6.2$

계산한 다음 나머지가 어떻게 달라지는지 살펴봐.

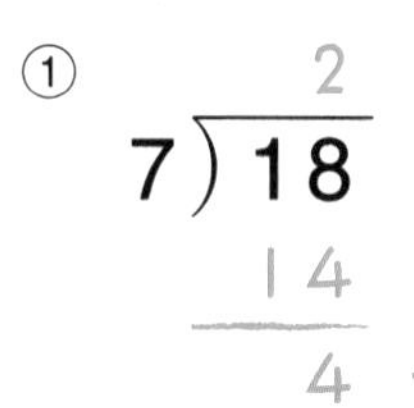

04 몫과 나머지 알아보기

● 나눗셈의 몫을 자연수까지 구하고 나머지를 알아보세요.

①

$7\overline{)18}$ 몫 2, 14, 나머지 4 → $0.7\overline{)1.8}$ 몫 2, 14, 나머지 0.4 → $0.07\overline{)0.18}$ 몫 2, 14, 나머지 0.04

0.18 안에 0.07이 들어 있는 횟수

몫은 변하지 않고 나머지만 작아져요.

0.18에서 0.07×2를 뺀 나머지

②

$28\overline{)92}$ $2.8\overline{)9.2}$ $0.28\overline{)0.92}$

③

$9\overline{)205}$ $0.9\overline{)20.5}$ $0.09\overline{)2.05}$

④

$13\overline{)324}$ $1.3\overline{)32.4}$ $0.13\overline{)3.24}$

⑤

$2\overline{)19}$ $0.2\overline{)1.9}$ $0.02\overline{)0.19}$

⑥

$14\overline{)38}$ $1.4\overline{)3.8}$ $0.14\overline{)0.38}$

⑦

$35\overline{)517}$ $3.5\overline{)51.7}$ $0.35\overline{)5.17}$

⑧

$261\overline{)915}$ $26.1\overline{)91.5}$ $2.61\overline{)9.15}$

05 검산하기

나눗셈의 몫과 나머지를 바르게 구했는지 검산식으로 확인해 봐.

● 나눗셈의 몫을 자연수까지 구한 다음 검산해 보세요.

① $0.4\overline{)2.3}$ (몫 5, $2\ 0$, 나머지 0.3)

검산 $0.4 \times 5 + 0.3 = 2.3$

나누는 수, 몫, 나머지, 나누어지는 수

② $3.8\overline{)25.9}$

검산

③ $0.49\overline{)3.04}$

검산

④ $0.8\overline{)5.723}$

검산

⑤ $2.89\overline{)7.5}$

검산

⑥ $7.3\overline{)14.67}$

검산

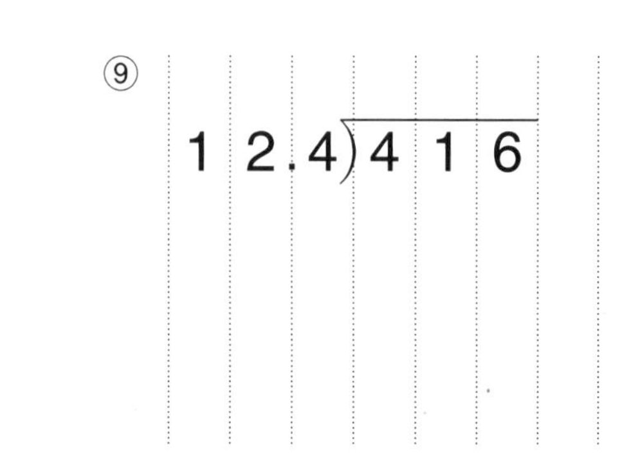

⑦ $0.96\overline{)6.486}$

검산

⑧ $5.17\overline{)90.06}$

검산

⑨ $12.4\overline{)416}$

검산

⑩

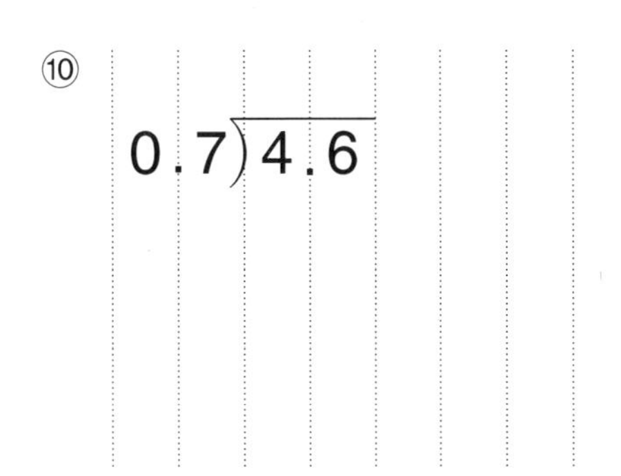

0.7)4.6

검산 ______

⑪

5.8)124.6

검산 ______

⑫

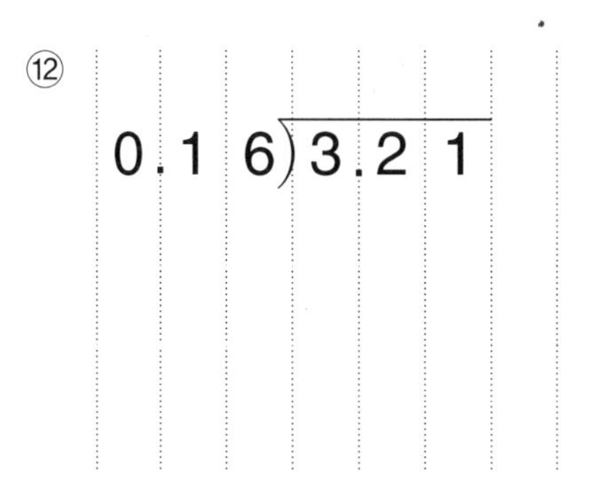

0.16)3.21

검산 ______

⑬

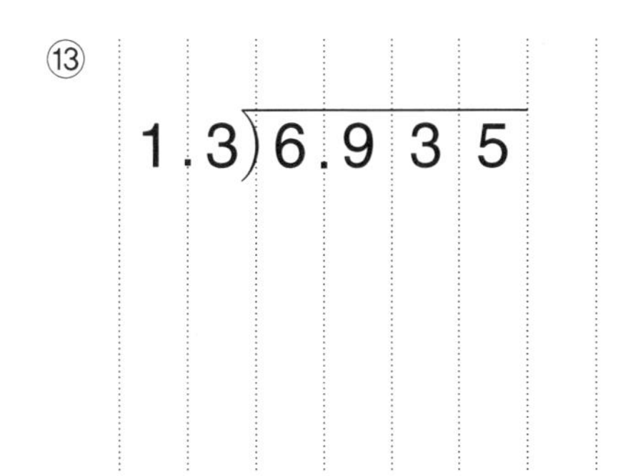

1.3)6.935

검산 ______

⑭

3.26)7.2

검산 ______

⑮

4.9)15.59

검산 ______

⑯

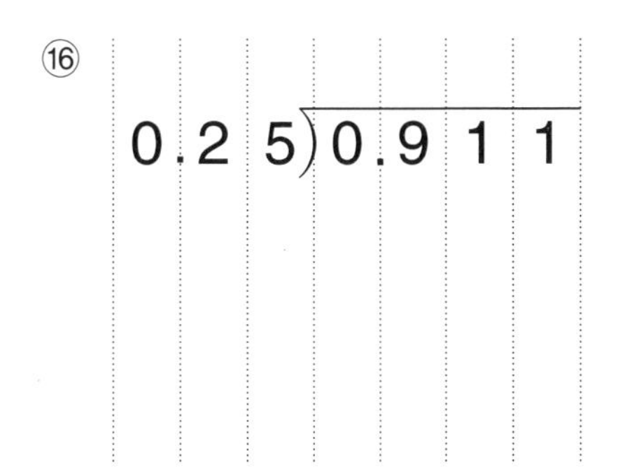

0.25)0.911

검산 ______

⑰

1.92)40.98

검산 ______

⑱

16.4)213

검산 ______

나머지를 구하지 않고 몫을 반올림해서 나타낼 수도 있어.

06 반올림하여 몫 구하기

● 몫을 반올림하여 소수 첫째 자리까지 나타내 보세요.

① $6.2\overline{)30.3}$

4.88

$6.2\overline{)30.300}$

248

550

496

540

496

44

소수 둘째 자리까지 구한 다음 소수 둘째 자리에서 반올림해요.

➡ 4.9

② $0.9\overline{)74.5}$

➡

③ $1.4\overline{)24.6}$

➡

④ $0.18\overline{)0.77}$

➡

⑤ $2.41\overline{)8.29}$

➡

⑥ $0.51\overline{)6.5}$

➡

⑦ $0.99\overline{)6.156}$

➡

⑧ $3.8\overline{)15.62}$

➡

⑨ $6.9\overline{)74}$

➡

⑩ $0.7\overline{)1.8}$

→

⑪ $4.7\overline{)82.2}$

→

⑫ $0.43\overline{)1.93}$

→

⑬ $0.3\overline{)6.563}$

→

⑭ $0.7\overline{)13.5}$

→

⑮ $6.3\overline{)81.25}$

→

⑯ $0.33\overline{)6.505}$

→

⑰ $8.14\overline{)90.26}$

→

⑱ $5.36\overline{)73}$

→

몫의 소수점 아래 자리 숫자들의 규칙을 찾아봐.

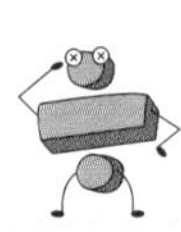

07 몫에 규칙이 있는 계산

● 몫의 소수 여덟째 자리 숫자를 구해 보세요.

① $0.9\overline{)2.3}$

2.555…

0.9)2.3000
18
50
45
50
45
50
45
5

몫의 소수점 아래로 반복되는 숫자가 나올 때까지 나누어 봐요.

→ 5

② $0.6\overline{)9.2}$

→

③ $0.09\overline{)0.2}$

→

④ $1.5\overline{)14}$

→

⑤ $1.2\overline{)0.4}$

→

⑥ $0.3\overline{)2.3}$

→

⑦

$1.35\overline{)4.29}$

➡ ______

⑧

$1.8\overline{)19.1}$

➡ ______

⑨

$1.1\overline{)2}$

➡ ______

⑩

$3.3\overline{)17}$

➡ ______

⑪

$9.9\overline{)12.02}$

➡ ______

⑫

$1.32\overline{)13.3}$

➡ ______

8 소수의 혼합 계산

앞에서부터 차례로 계산해.

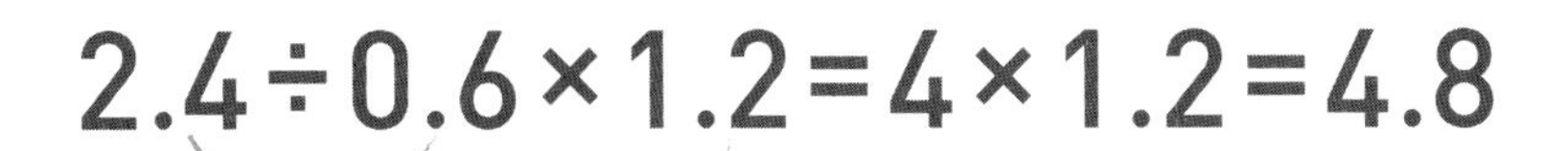

$$2.4 \div 0.6 \times 1.2 = 4 \times 1.2 = 4.8$$

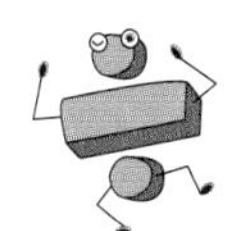

"계산에 따라 결과의 소수점을 찍는
기준이 다르니까 혼합 계산을 할 때에는
소수점의 위치에 주의해야 해."

×, ÷을 먼저 하고 앞에서부터 계산해.

$$3.1 - 5.2 \times 0.5 = 3.1 - 2.6 = 0.5$$

(　　) 안을 먼저, ×, ÷을 한 다음 앞에서부터 계산해.

$$\begin{aligned} 3.6 - 1.2 + 4.2 \div (5.6 + 1.4) &= 3.6 - 1.2 + 4.2 \div 7 \\ &= 3.6 - 1.2 + 0.6 \\ &= 2.4 + 0.6 \\ &= 3 \end{aligned}$$

소수의 혼합 계산 순서도 자연수의 혼합 계산 순서와 같아.

01 계산 순서를 표시하고 계산하기 (1)

● 계산 순서를 표시하고 순서에 따라 계산해 보세요.

① $1.5\times4\div1.2=6\div1.2=5$

곱셈과 나눗셈이 섞여 있는 식은 앞에서부터 차례로 계산해요.

② $(4.5+1.5)\times0.5=$

괄호가 있는 식은 괄호 안부터 계산해요.

③ $4.9\div0.7\times0.8=$

④ $1.2\times(0.9\div1.8)=$

⑤ $0.5\times(2.8+4.6)=$

⑥ $1.9\div(5.2-1.4)=$

⑦ $(7.82-1.02)\div0.4=$

⑧ $(14.3+7.1)\times0.2=$

⑨ $0.08 \div (3.04 - 2.84) =$

⑩ $3.1 - 5.2 \times 0.5 =$

⑪ $2.8 \div 3.5 \times 0.3 =$

⑫ $(14.7 + 10.5) \div 0.6 =$

⑬ $2.75 + 0.3 \times 0.5 =$

⑭ $0.5 \times (8.01 - 2.57) =$

⑮ $0.6 \times 0.5 + 1.2 \div 0.4 =$

⑯ $10 \times 1.23 - 0.4 \times 0.5 =$

덧셈, 뺄셈, 곱셈, 나눗셈을 할 때 소수점의 위치에 주의해서 계산해.

02 계산 순서를 표시하고 계산하기 (2)

● 계산 순서를 표시하고 모눈칸을 이용하여 세로셈으로 계산해 보세요.

① $2.4 \div 0.6 \times 1.2 = 4.8$

② $0.95 \times 0.4 \div 0.2 =$

③ $1.4 \times 1.2 + 2.62 =$

④ $6.2 - 2.7 \div 4.5 =$

⑤ $8.96 \div 1.6 - 0.97 =$

계산 과정을 스스로 정리하여 쓰는 연습을 해요.
①
②
③
④
⑤

⑥ $10 \div 0.4 \div 2.5 =$

⑦ $6.2 \times 0.3 - 0.72 =$

⑧ $4.5 + 8.84 \div 1.7 =$

⑨ $49.61 \div 4.1 - 6.52 =$

⑩ $6.2 \times 0.4 - 0.9 \times 1.9 =$

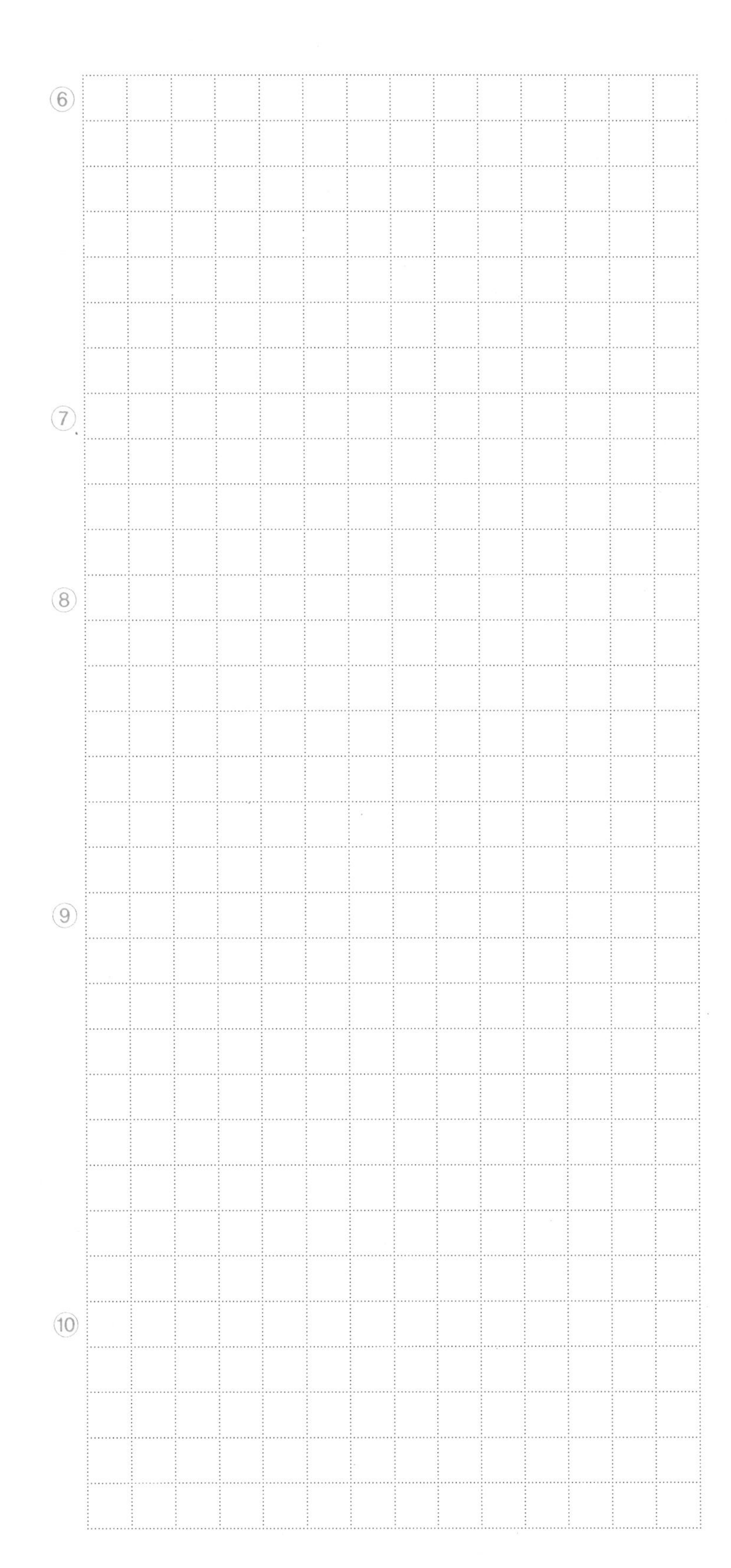

⑪ $(1.908-1.46)\div1.6=$

⑫ $2.7\div(0.45\times1.2)=$

⑬ $3.2\times(10.9-5.9)=$

⑭ $34.5\div(3.22\div1.4)=$

⑮ $(18.2+14.2)\div2.4=$

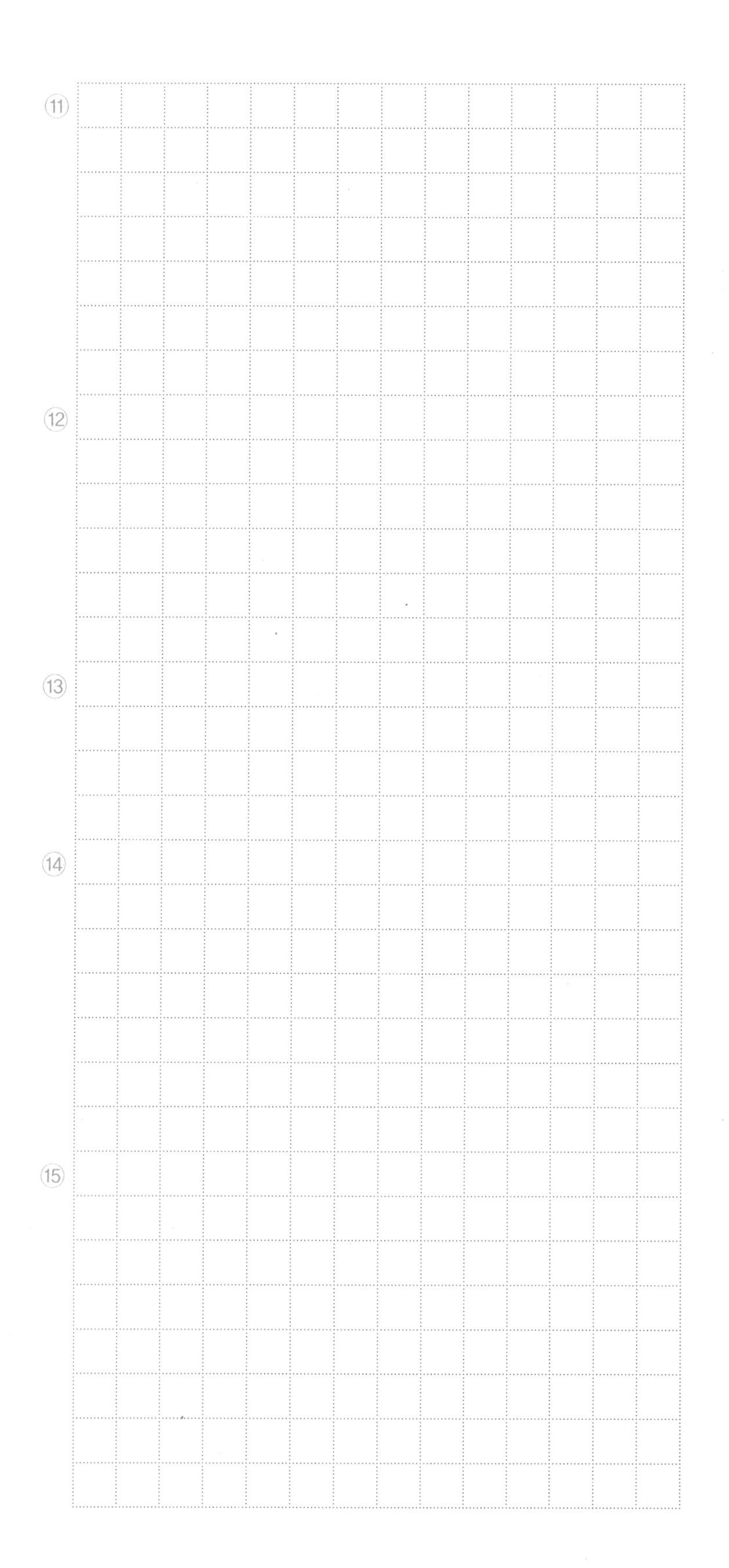

⑯ $0.9\times(7.66+0.34)=$

⑰ $3.51\div(6.09-4.74)=$

⑱ $(3+6.7)\times0.4=$

⑲ $1.18\times(6-3.5)=$

⑳ $5.5\times(1.6-0.86)=$

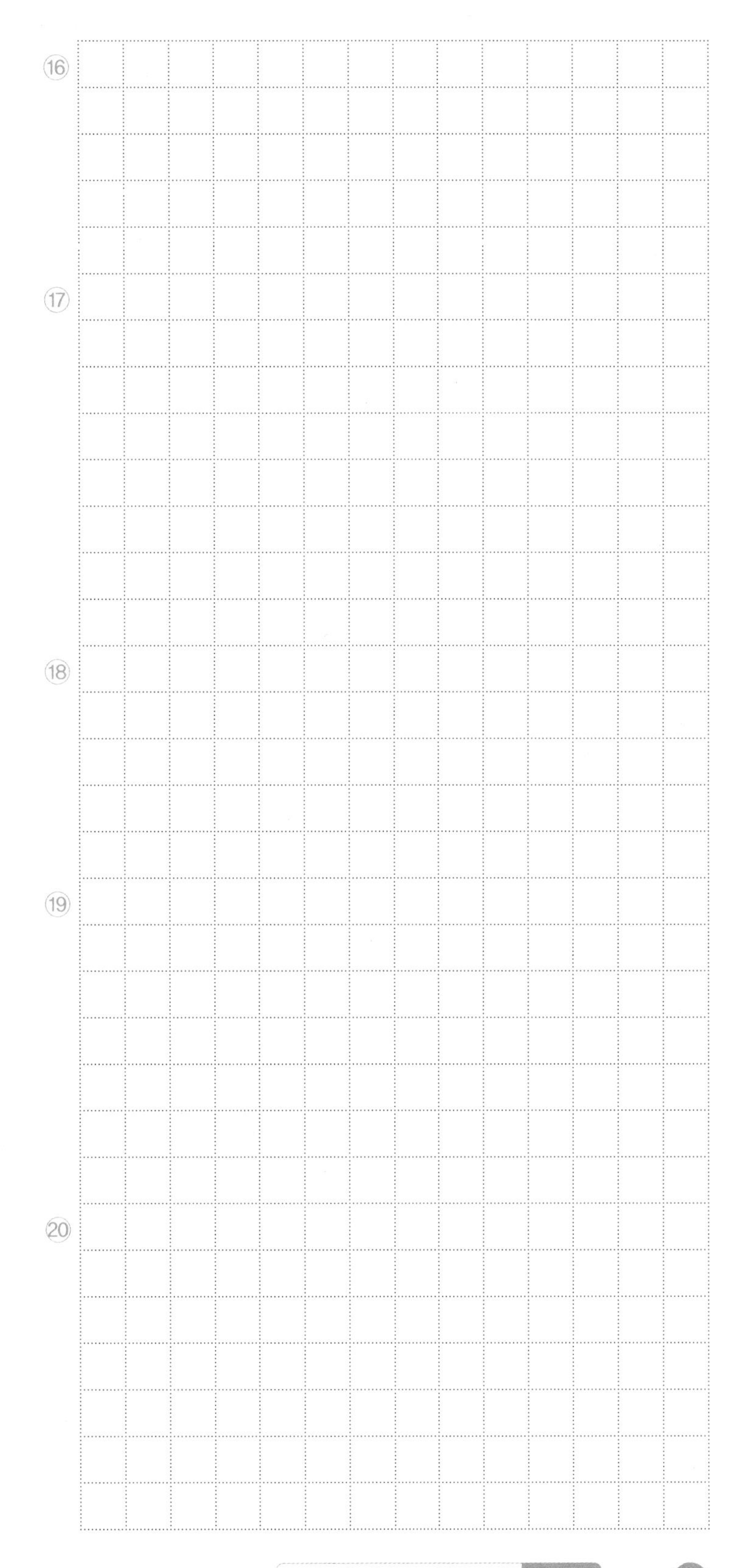

연산 기호와 수를 잘 살펴보면 계산하지 않아도 크기를 비교할 수 있어.

03 계산하지 않고 크기 비교하기

● 계산하지 않고 크기를 비교하여 ○ 안에 >, <를 써 보세요.

① $(11.2+3.7)\times0.5$ (<) $(11.2+3.7)\div0.5$

0.5를 곱한 쪽이 0.5로 나눈 쪽보다 작아요.

② $(18.72+3.6)\times0.3$ ○ $(18.72+3.6)\div0.3$

③ $(12.4+8.7)\times1.5$ ○ $(12.4+8.7)\div1.5$

1.5를 곱한 쪽이 1.5로 나눈 쪽보다 커요.

④ $(10.12-7.7)\div2.2$ ○ $(10.12-7.7)\times2.2$

⑤ $(2.3+0.72)\times0.8$ ○ $(2.3+0.72)\div0.8$

⑥ $0.63\times1.5+0.28$ ◯ $0.63\div1.5+0.28$

⑦ $16.2\div0.9-10.7$ ◯ $16.2\times0.9-10.7$

⑧ $43.2\div2.7+0.9$ ◯ $43.2\times2.7+0.9$

⑨ $3.2\times2.5-0.45$ ◯ $3.2\div2.5-0.45$

⑩ $32.2\times0.8-2.9$ ◯ $32.2\div0.8-2.9$

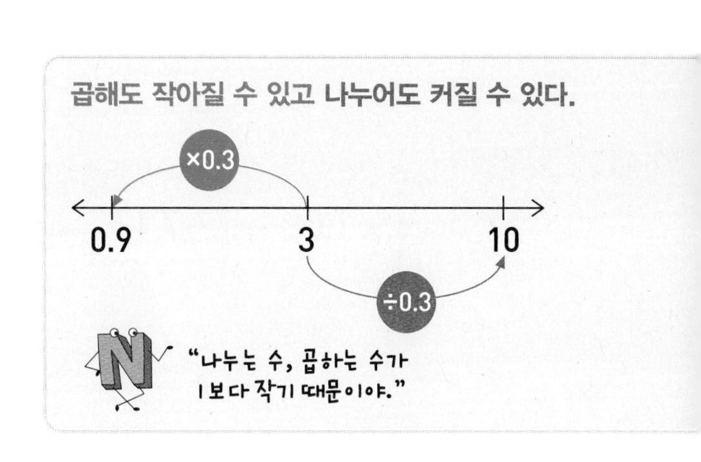

곱해도 작아질 수 있고 나누어도 커질 수 있다.
×0.3
0.9
3
10
÷0.3
"나누는 수, 곱하는 수가
1보다 작기 때문이야."

04 거꾸로 계산하기

결과에서부터 거꾸로 계산하면 처음 수를 구할 수 있겠지?

● □ 안에 연산 기호와 수를 알맞게 쓰고 ▒를 구해 보세요.

① ▒ → −6.9 → +1.8 → 6.3

❶ 거꾸로 계산할 때는 반대로 계산해요.

❷ 더한 것은 빼기로 ❸ 뺀 것은 더하기로

6.3 → −1.8 → +6.9 → ▒

▒ = 6.3−1.8+6.9=11.4

② ▒ → +5.42 → −4.5 → 2

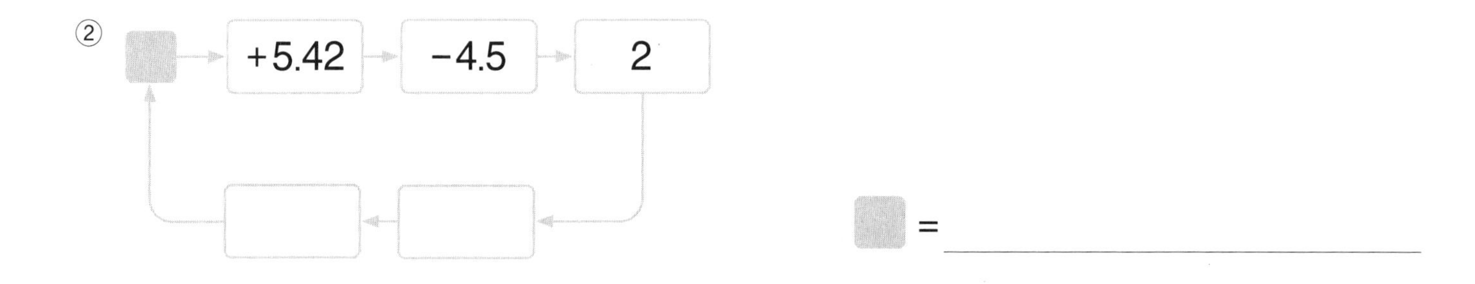

▒ = ______

③ ▒ → −1.84 → +1.34 → −2.5 → 1.2

1.2 → □ → □ → □ → ▒

▒ = ______

④ ▒ → +1.02 → −7.17 → +0.2 → 4.85

4.85 → □ → □ → □ → ▒

▒ = ______

⑤

□ = ______

⑥

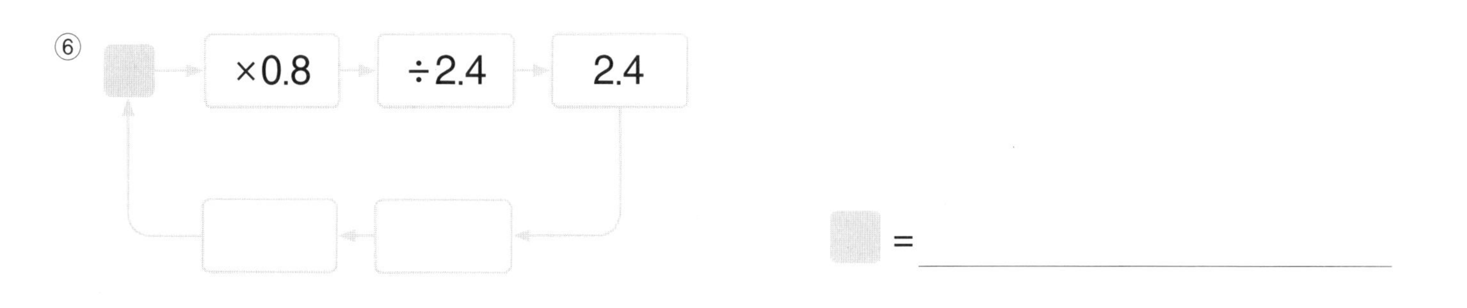

□ = ______

⑦

□ → ÷0.11 → ×5.2 → ÷2.6 → 40

□ = ______

⑧

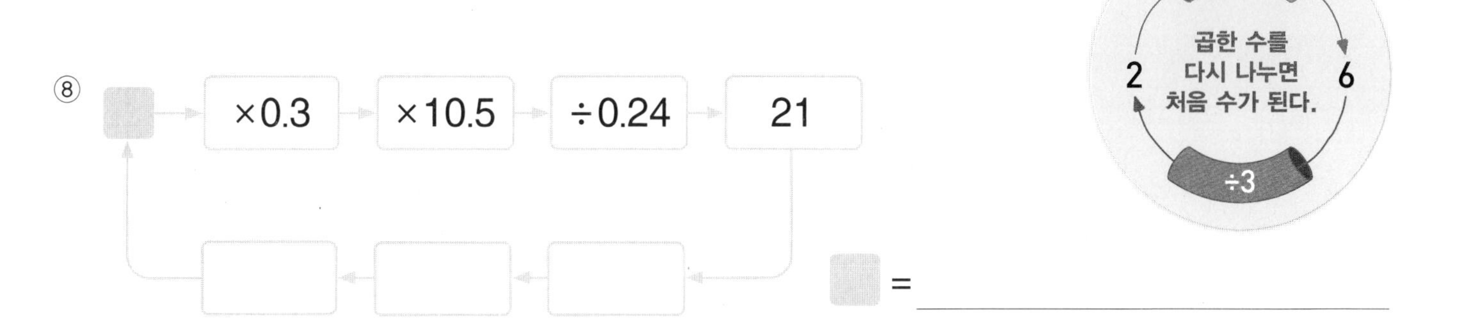

□ = ______

×3

곱한 수를 다시 나누면 처음 수가 된다.

2 6

÷3

●와 ▲는 수를 대신하는 기호야.

05 모양이 나타내는 수 알아보기

● 같은 모양은 같은 수를 나타냅니다. 각 모양이 나타내는 수를 구해 보세요.

① ● × ● = 0.25 ● = 0.5

❶ 0.5×0.5=0.25

▲ ÷ ● = 1.6 ▲ = 0.8

❷ ▲÷0.5=1.6 → ▲=1.6×0.5=0.8

② ● × ● = 0.81 ● = ______

▲ ÷ ● = 1.3 ▲ = ______

③ ● × ● = 0.36 ● = ______

▲ ÷ ● = 2.1 ▲ = ______

④ ● × ● = 0.0064 ● = ______

● × ▲ = 2.4 ▲ = ______

⑤ ● × ● = 0.0049 ● = ______

▲ × ● = 2.8 ▲ = ______

⑥ ● × ● = 0.16 ● = ______

● ÷ ▲ = 0.16 ▲ = ______

⑦ ● × ● = 1.21 ● = ______

● ÷ ▲ = 0.5 ▲ = ______

⑧ ● × ● = 1.44 ● = ______

● ÷ ▲ = 3 ▲ = ______

06 연산 기호 넣기

계산 결과가 되도록 알맞은 연산 기호를 넣어 봐.

- ☐ 안에 +, −, ×, ÷ 중 알맞은 기호를 써 보세요.

① 0.5 − 0.3=0.2

0.5 × 0.3=0.15

결과가 처음 수보다 작아지도록 연산 기호를 넣어 봐요.

② 1.8 ☐ 3=0.6

1.8 ☐ 3=4.8

③ 1.2 ☐ 0.4=0.48

1.2 ☐ 0.4=3

④ 1.6 ☐ 0.4=4

1.6 ☐ 0.4=1.2

⑤ 7.8 ☐ 1.3=6

7.8 ☐ 1.3=6.5

⑥ 1.5 ☐ 0.8=1.2

1.5 ☐ 0.8=2.3

⑦ 0.6 ☐ 2.4=3

0.6 ☐ 2.4=1.44

⑧ 0.21 ☐ 0.07=0.14

0.21 ☐ 0.07=3

⑨ 0.32 ☐ 0.5=0.16

0.32 ☐ 0.5=0.82

⑩ 1.56 ☐ 1.2=1.3

1.56 ☐ 1.2=2.76

간단한 자연수의 비로 나타내기

● (자연수) : (자연수)

전항과 후항을 두 수의 최대공약수로 나누어요.

$50:70=(50\div10):(70\div10)=5:7$

": 의 앞에 있는 항이 전항,
: 의 뒤에 있는 항이 후항!"

● (소수) : (소수)

전항과 후항에 10, 100, 1000, ...을 곱해요.

$0.5:0.7=(0.5\times10):(0.7\times10)=5:7$

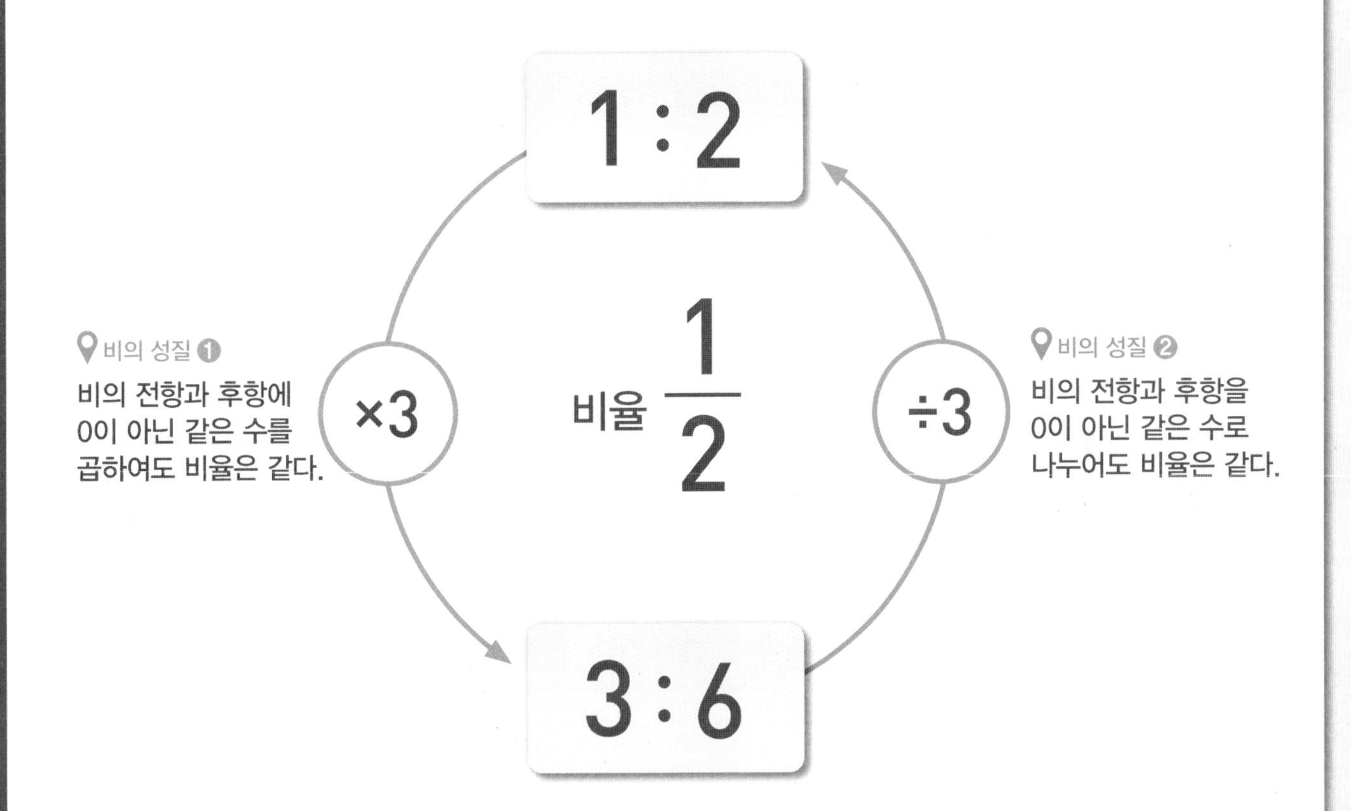

1 : 2
비율 1/2
×3
÷3
3 : 6
비의 성질 ❶
비의 전항과 후항에 0이 아닌 같은 수를 곱하여도 비율은 같다.
비의 성질 ❷
비의 전항과 후항을 0이 아닌 같은 수로 나누어도 비율은 같다.

● (분수) : (분수)

전항과 후항에 두 분모의 최소공배수를 곱해요.

$\frac{1}{7}:\frac{1}{5}=\left(\frac{1}{7}\times35\right):\left(\frac{1}{5}\times35\right)=5:7$

● (분수) : (소수)

(분수):(분수)로 바꿔서 (자연수):(자연수)로 나타내요.

$\frac{1}{7}:0.2=\frac{1}{7}:\frac{1}{5}=\left(\frac{1}{7}\times35\right):\left(\frac{1}{5}\times35\right)=5:7$

비의 전항과 후항에 0이 아닌 같은 수를 곱하여도 비율은 그대로야.

01 전항과 후항에 같은 수를 곱하기

● 전항과 후항에 0이 아닌 같은 수를 곱하여 비율이 같은 비를 만들어 보세요.

① $3:8=(3\times3):(8\times$ 3 $)=$ 9 : 24

전항에 3을 곱했으니까 후항에도 3을 곱해요.

3 : 8과 9 : 24는 비율이 같아요.

$3:8 \Rightarrow \frac{3}{8}$

$9:24 \Rightarrow \frac{9}{24}=\frac{3}{8}$

② $7:1=(7\times2):(1\times$ ____ $)=$ ____ : ____

③ $4:5=(4\times5):(5\times$ ____ $)=$ ____ : ____

④ $10:9=(10\times4):(9\times$ ____ $)=$ ____ : ____

⑤ $5:13=(5\times2):(13\times$ ____ $)=$ ____ : ____

⑥ $7:6=(7\times$ ____ $):(6\times5)=$ ____ : ____

⑦ $2:7=(2\times$ ____ $):(7\times3)=$ ____ : ____

⑧ $8:1=(8\times$ ____ $):(1\times6)=$ ____ : ____

⑨ $14:15=(14\times$ ____ $):(15\times3)=$ ____ : ____

⑩ $25:31=(25\times$ ____ $):(31\times4)=$ ____ : ____

비의 전항과 후항을 0이 아닌 같은 수로 나누어도 비율은 그대로야.

02 전항과 후항을 같은 수로 나누기

● 전항과 후항을 0이 아닌 같은 수로 나누어 비율이 같은 비를 만들어 보세요.

① 16 : 12 = (16 ÷ ④) : (12 ÷ ④) = 4 : 3

전항을 4로 나누었으니까 후항도 4로 나누어요.

② 33 : 9 = (33 ÷ 3) : (9 ÷ _____) = _____ : _____

③ 8 : 72 = (8 ÷ 8) : (72 ÷ _____) = _____ : _____

④ 15 : 80 = (15 ÷ 5) : (80 ÷ _____) = _____ : _____

⑤ 26 : 14 = (26 ÷ 2) : (14 ÷ _____) = _____ : _____

⑥ 5 : 100 = (5 ÷ _____) : (100 ÷ 5) = _____ : _____

⑦ 49 : 14 = (49 ÷ _____) : (14 ÷ 7) = _____ : _____

⑧ 27 : 45 = (27 ÷ _____) : (45 ÷ 9) = _____ : _____

⑨ 30 : 102 = (30 ÷ _____) : (102 ÷ 6) = _____ : _____

⑩ 60 : 18 = (60 ÷ _____) : (18 ÷ 6) = _____ : _____

비의 원리

전항과 후항을 두 수의 최대공약수로 나누면 간단히 나타낼 수 있어.

03 자연수의 비를 간단히 나타내기

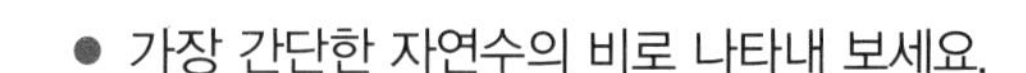

● 가장 간단한 자연수의 비로 나타내 보세요.

① 4 : 2 ➡ 2 : 1

전항과 후항을 4와 2의 최대공약수로 나누어요.
(4÷②) : (2÷②)=2 : 1

② 9 : 6 ➡

③ 9 : 18 ➡

④ 22 : 8 ➡

⑤ 30 : 40 ➡

⑥ 30 : 15 ➡

⑦ 16 : 64 ➡

⑧ 50 : 45 ➡

⑨ 65 : 25 ➡

⑩ 45 : 72 ➡

⑪ 77 : 110 ➡

⑫ 22 : 100 ➡

⑬ 126 : 84 ➡

⑭ 13 : 143 ➡

⑮ 8 : 12 ➡ ______

⑯ 14 : 6 ➡ ______

⑰ 54 : 9 ➡ ______

⑱ 12 : 18 ➡ ______

⑲ 28 : 10 ➡ ______

⑳ 36 : 52 ➡ ______

㉑ 18 : 45 ➡ ______

㉒ 51 : 30 ➡ ______

㉓ 10 : 300 ➡ ______

㉔ 450 : 30 ➡ ______

㉕ 32 : 112 ➡ ______

㉖ 147 : 14 ➡ ______

㉗ 78 : 104 ➡ ______

㉘ 500 : 375 ➡ ______

소수에 몇을 곱해야 자연수가 될까?

04 소수의 비를 간단히 나타내기

● 가장 간단한 자연수의 비로 나타내 보세요.

① 0.8 : 0.9 → 8 : 9

자연수가 되도록 전항과 후항에 10을 곱해요.
(0.8×⑩) : (0.9×⑩)=8 : 9

② 0.7 : 0.5 → ______

③ 0.5 : 1.4 → ______

④ 1.6 : 0.9 → ______

⑤ 10.1 : 0.2 → ______

⑥ 1.3 : 13.3 → ______

⑦ 0.25 : 0.33 → ______

⑧ 0.41 : 0.12 → ______

⑨ 0.05 : 0.12 → ______

⑩ 0.34 : 0.03 → ______

⑪ 0.11 : 0.4 → ______

소수점 아래 자릿수가 많은 쪽에 맞추어 곱해.
(0.11 × 100) : (0.4 × 100) = 11 : 40
(0.11 × 10) : (0.4 × 10) = 1.1 : 4

⑫ 1.2 : 0.07 → ______

⑬ 2.03 : 0.3 → ______

⑭ $0.3:0.9$ ➡ ____________

❶ 전항과 후항에 10을 곱해 자연수의 비로 나타낸 다음
❷ 두 수의 최대공약수로 나누어요.

⑮ $3.2:0.8$ ➡ ____________

⑯ $5.6:1.4$ ➡ ____________

⑰ $2.6:5.2$ ➡ ____________

⑱ $0.72:0.45$ ➡ ____________

⑲ $0.96:0.09$ ➡ ____________

⑳ $0.45:0.18$ ➡ ____________

㉑ $0.24:0.64$ ➡ ____________

㉒ $0.06:1.08$ ➡ ____________

㉓ $0.09:2.61$ ➡ ____________

㉔ $0.08:0.4$ ➡ ____________

㉕ $1.3:0.65$ ➡ ____________

㉖ $1.08:2.4$ ➡ ____________

㉗ $3.5:0.15$ ➡ ____________

분수가 자연수가 되려면 **분모가 1이 되도록** 만들어야겠지?

05 분수의 비를 간단히 나타내기

● 가장 간단한 자연수의 비로 나타내 보세요.

① $\frac{1}{5} : \frac{3}{5}$ ➡ 1:3

전항과 후항에 분모와 같은 수를 곱하면 약분이 되어 자연수가 돼요.

$(\frac{1}{5} \times ⑤) : (\frac{3}{5} \times ⑤) = 1 : 3$

② $\frac{1}{4} : \frac{1}{16}$ ➡

분모가 다를 때는 전항과 후항에 두 분모의 최소공배수를 곱해요.

③ $\frac{5}{6} : \frac{1}{6}$ ➡

④ $\frac{3}{10} : \frac{5}{10}$ ➡

⑤ $\frac{6}{17} : \frac{13}{17}$ ➡

⑥ $\frac{1}{9} : \frac{1}{3}$ ➡

⑦ $\frac{1}{2} : \frac{1}{10}$ ➡

⑧ $\frac{1}{36} : \frac{1}{9}$ ➡

⑨ $\frac{5}{12} : \frac{1}{4}$ ➡

⑩ $\frac{2}{5} : \frac{7}{20}$ ➡

⑪ $\frac{2}{7} : \frac{5}{21}$ ➡

⑫ $\frac{11}{32} : \frac{3}{8}$ ➡

⑬ $\frac{1}{3}:\frac{1}{4}$ ➡ ______

⑭ $\frac{1}{7}:\frac{1}{8}$ ➡ ______

⑮ $\frac{3}{5}:\frac{1}{2}$ ➡ ______

⑯ $\frac{1}{10}:\frac{2}{3}$ ➡ ______

⑰ $\frac{7}{10}:\frac{2}{15}$ ➡ ______

알지? 10과 15의 최소공배수 구하기

$5 \,)\, 10 \quad 15$

$5 \times 2 \times 3 \rightarrow 30$

⑱ $\frac{3}{8}:\frac{1}{6}$ ➡ ______

⑲ $\frac{1}{6}:\frac{5}{14}$ ➡ ______

⑳ $\frac{4}{15}:\frac{4}{9}$ ➡ ______

대분수는 가분수로 바꾸어 간단한 비로 나타내.

㉑ $1\frac{1}{3}:\frac{1}{6}$ ➡ ______

㉒ $\frac{5}{9}:3\frac{1}{3}$ ➡ ______

㉓ $1\frac{1}{9}:2\frac{1}{12}$ ➡ ______

㉔ $1\frac{5}{6}:2\frac{3}{4}$ ➡ ______

비의 원리

먼저 모두 분수로 고치거나 모두 소수로 고쳐 봐.

06 분수와 소수의 비를 간단히 나타내기

● 가장 간단한 자연수의 비로 나타내 보세요.

① $\frac{1}{5}:0.4$ ➡ 1 : 2

$\frac{1}{5}:\frac{4}{10}$ ❶ 소수를 분수로 나타낸 다음

$=(\frac{1}{5}\times10):(\frac{4}{10}\times10)=2:4$ ❷ 전항과 후항에 분모의 최소공배수를 곱하고

$=(2\div2):(4\div2)=1:2$ ❸ 전항과 후항을 최대공약수로 나누어요.

② $0.2:\frac{3}{5}$ ➡ ______

③ $\frac{5}{6}:0.5$ ➡ ______

④ $0.1:\frac{1}{15}$ ➡ ______

⑤ $\frac{1}{4}:1.4$ ➡ ______

⑥ $0.3:\frac{1}{6}$ ➡ ______

⑦ $\frac{1}{12}:2.5$ ➡ ______

⑧ $1.8:\frac{3}{4}$ ➡ ______

⑨ $2\frac{1}{3}:0.5$ ➡ ______

⑩ $0.7:10\frac{1}{2}$ ➡ ______

(소수) : (소수)보다 (분수) : (분수)가 더 정확할 때가 있어.

$0.3:\frac{1}{7}$ → $0.3:0.1428571428571\cdots$

$0.3:\frac{1}{7}$ → $\frac{3}{10}:\frac{1}{7}$

⑪ $0.6:1\frac{4}{7}$ ➡ ______

⑫ $\frac{3}{5}:5.1$ ➡ ________

⑬ $2.1:2\frac{1}{4}$ ➡ ________

⑭ $2\frac{3}{5}:1.8$ ➡ ________

⑮ $3.5:4\frac{1}{3}$ ➡ ________

⑯ $1\frac{5}{6}:1.5$ ➡ ________

⑰ $2.7:4\frac{1}{2}$ ➡ ________

⑱ $\frac{7}{10}:0.78$ ➡ ________

⑲ $1.05:\frac{1}{5}$ ➡ ________

⑳ $\frac{3}{4}:1.25$ ➡ ________

㉑ $0.36:1\frac{1}{8}$ ➡ ________

㉒ $1\frac{1}{4}:1.55$ ➡ ________

㉓ $1.19:1\frac{1}{6}$ ➡ ________

비의 전항과 후항에 0이 아닌 같은 수를 곱해 봐.

07 비율이 같은 비 구하기

● 비가 다음과 같은 비율이 되도록 빈칸에 알맞은 수를 써 보세요.

① $\frac{1}{3}$ (비교하는 양: 1, 기준량: 3) → 1 : ___3___ = 2 : ______ = 3 : ______ = 4 : ______ (×2, ×2)

② $\frac{2}{5}$ → ______ : 5 = ______ : 10 = ______ : 15 = ______ : 20

③ $\frac{3}{8}$ → 3 : ______ = 6 : ______ = 9 : ______ = 12 : ______

④ $1\frac{4}{5}$ → ______ : 5 = ______ : 10 = ______ : 15 = ______ : 20

$\rightarrow 1\frac{4}{5}=\frac{9}{5}\rightarrow 9:5$

⑤ $2\frac{2}{3}$ → 8 : ______ = 16 : ______ = 24 : ______ = 32 : ______

⑥ $4\frac{1}{4}$ → ______ : 4 = ______ : 8 = ______ : 12 = ______ : 16

⑦ 0.6 ➡ 3 : ______ = 6 : ______ = 9 : ______ = 12 : ______

↳ $0.6=\frac{6}{10}=\frac{3}{5}\rightarrow 3:5$

⑧ 1.5 ➡ ______ : 2 = ______ : 4 = ______ : 6 = ______ : 8

⑨ 0.25 ➡ 1 : ______ = 5 : ______ = 25 : ______ = 50 : ______

⑩ 80 % ➡ ______ : 5 = ______ : 10 = ______ : 15 = ______ : 20

↳ $80(\%)=\frac{80}{100}=\frac{4}{5}\rightarrow 4:5$

⑪ 45 % ➡ 9 : ______ = 18 : ______ = 27 : ______ = 36 : ______

⑫ 100 % ➡ ______ : 1 = ______ : 25 = ______ : 50 = ______ : 100

10 비례식

● 외항: 비례식에서 바깥쪽에 있는 두 항
● 내항: 비례식에서 안쪽에 있는 두 항

비례식의 외항의 곱과 내항의 곱은 같아.

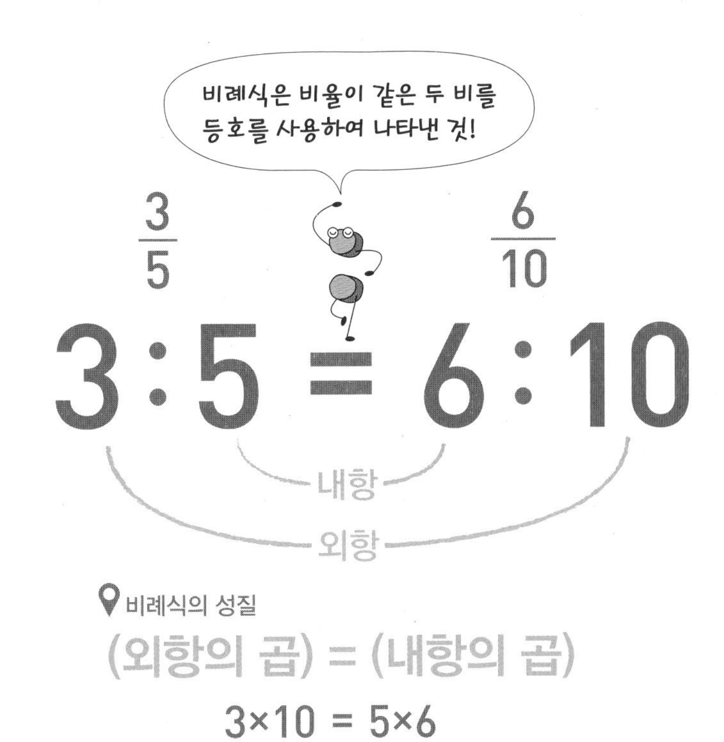

비례식은 비율이 같은 두 비를 등호를 사용하여 나타낸 것!
3/5
6/10
3 : 5 = 6 : 10
내항
외항

비례식의 성질

(외항의 곱) = (내항의 곱)

$3 \times 10 = 5 \times 6$

비례식은 비의 성질이나 비례식의 성질을 이용하여 풀 수 있어.

비의 성질을 이용

×3

3 : 2 = □ : 6

×3

→ $3 \times 3 = 9$

전항과 후항에 0이 아닌 같은 수를 곱하거나 나누어요.

비례식의 성질을 이용

3×6=18

3 : 2 = □ : 6

2×□=18

→ 2×9=18

외항의 곱과 내항의 곱이 같도록 식을 만들어요.

"어떻게 구해도 답은 같아."

01 비례식 찾기

비율이 같은 두 비를 =를 사용하여 나타낸 것이 비례식!

● □ 안에 각 비의 비율을 기약분수 또는 자연수로 쓰고 비례식인 것에 ○표, 아닌 것에 ×표 하세요.

① 3 : 4 = 15 : 20 (○)

$\frac{15}{20}=\frac{3}{4}$

$\frac{3}{4}$ = $\frac{3}{4}$

양쪽의 비율이 같으므로 비례식이에요.

② 5 : 12 = 20 : 60 ( )

양쪽의 비율을 각각 구해서 비교해 봐요.

③ 5 : 7 = 15 : 21 ( )

④ 15 : 24 = 45 : 72 ( )

⑤ 9 : 39 = 8 : 13 ( )

⑥ 9 : 33 = 10 : 55 ( )

⑦ 14 : 18 = 35 : 40 ( )

⑧ 56 : 70 = 16 : 20 ( )

⑨ $50:25=12:6$ (　　　)

□ □

⑩ $10:6=25:25$ (　　　)

□ □

⑪ $32:10=15:5$ (　　　)

□ □

⑫ $14:20=7:10$ (　　　)

□ □

⑬ $8:3=32:14$ (　　　)

□ □

⑭ $40:16=50:20$ (　　　)

□ □

⑮ $21:14=3:2$ (　　　)

□ □

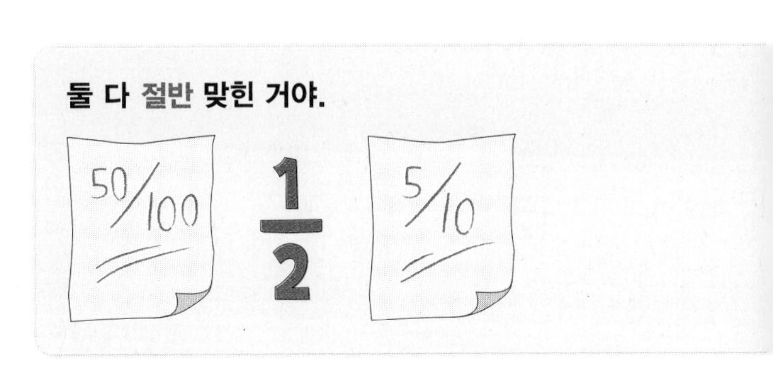

비의 전항과 후항에 0이 아닌 같은 수를 곱하거나 나누어도 비율은 그대로야.

02 비의 성질 이용하기

● □ 안에 알맞은 수를 써 보세요.

①

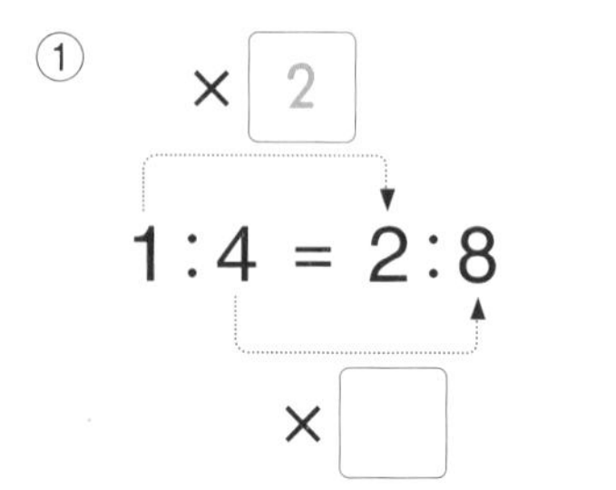

전항과 후항에 0이 아닌 같은 수를 곱하여도 비율은 같아요.

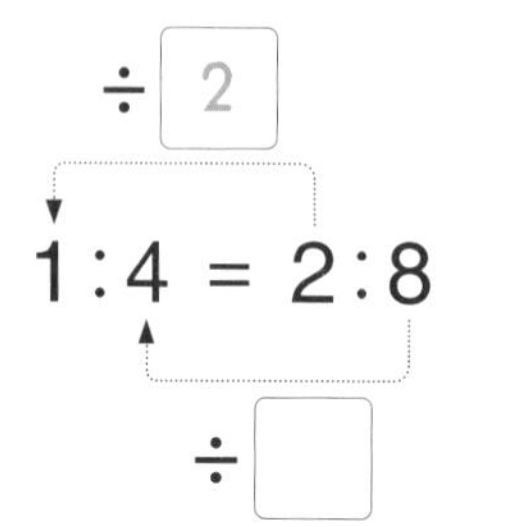

전항과 후항을 0이 아닌 같은 수로 나누어도 비율은 같아요.

②

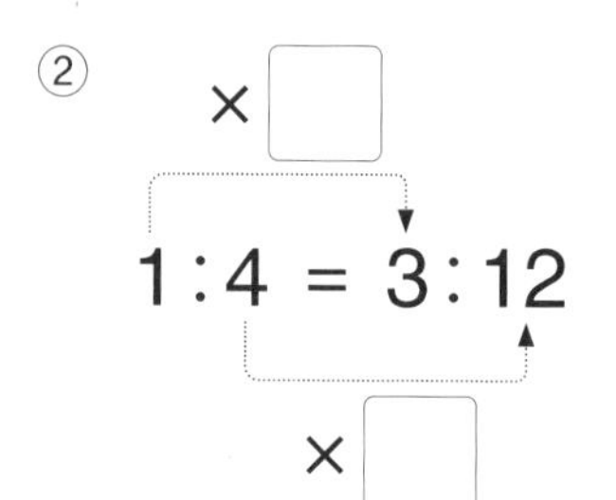

÷ □
1 : 4 = 3 : 12
÷ □

③

× □
5 : 1 = 20 : 4
× □

÷ □
5 : 1 = 20 : 4
÷ □

④

× □
3 : 1 = 15 : 5
× □

÷ □
3 : 1 = 15 : 5
÷ □

⑤

÷ □
70 : 40 = 7 : 4
÷ □

× □
70 : 40 = 7 : 4
× □

⑥

÷ □
56 : 32 = 7 : 4
÷ □

× □
56 : 32 = 7 : 4
× □

⑦

÷ □
12 : 30 = 2 : 5
÷ □

× □
12 : 30 = 2 : 5
× □

⑧

÷ □
14 : 35 = 2 : 5
÷ □

× □
14 : 35 = 2 : 5
× □

비율이 같은 비를 만든다고 생각해 봐.

03 비의 성질을 이용하여 구하기

● 비의 성질을 이용하여 빈칸에 알맞은 수를 써 보세요.

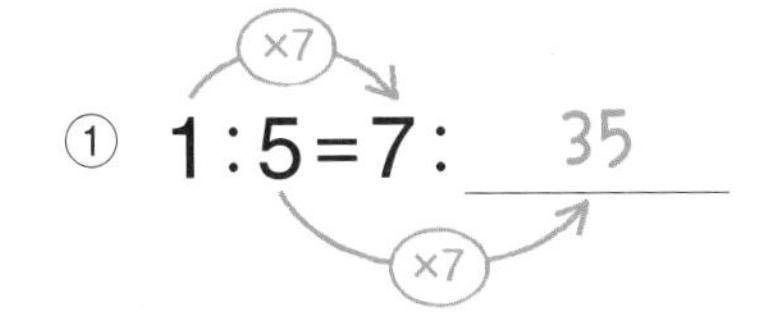

① 1 : 5 = 7 : 35

② 7 : 3 = ______ : 12

③ 5 : 9 = 25 : ______

④ 6 : 4 = ______ : 20

⑤ 2 : 11 = 8 : ______

⑥ 8 : 7 = ______ : 49

⑦ 5 : 6 = 15 : ______

⑧ 16 : 5 = ______ : 25

⑨ 4 : ______ = 2 : 5

⑩ ______ : 15 = 11 : 3

⑪ 30 : ______ = 6 : 4

⑫ ______ : 44 = 3 : 11

⑬ 15 : ______ = 3 : 6

⑭ ______ : 21 = 9 : 3

⑮ 18 : ______ = 6 : 16

⑯ ______ : 80 = 4 : 10

비율이 같은 비를 만든다고 생각해 봐.

⑰ $6:21=2:$ ______ (÷3, ÷3) 7

⑱ $56:4=$ ______ $:1$ (÷4, ÷4)

⑲ $42:35=6:$ ______

⑳ $32:20=$ ______ $:5$

㉑ $10:72=5:$ ______

㉒ $27:81=$ ______ $:9$

㉓ $72:56=9:$ ______

㉔ $65:15=$ ______ $:3$

㉕ $3:$ ______ $=15:40$

㉖ ______ $:4=30:24$

㉗ $5:$ ______ $=15:9$

㉘ ______ $:2=24:16$

㉙ $7:$ ______ $=21:12$

㉚ ______ $:25=20:500$

㉛ $12:$ ______ $=60:25$

㉜ ______ $:21=24:84$

비례식에서 외항의 곱과 내항의 곱은 같아.

04 비례식의 성질 이용하기

● 외항의 곱과 내항의 곱을 각각 구해 보세요.

①
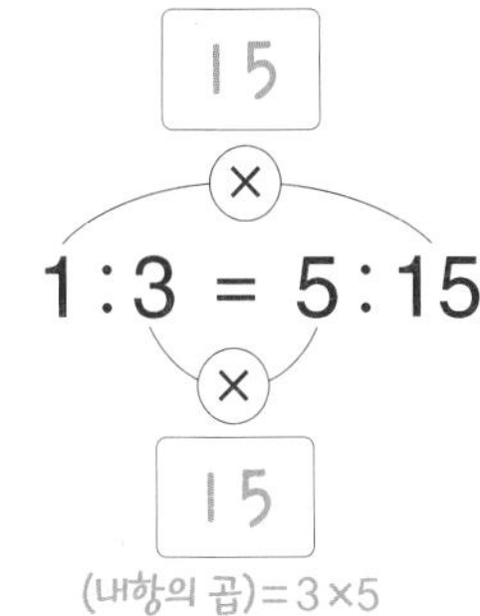

②
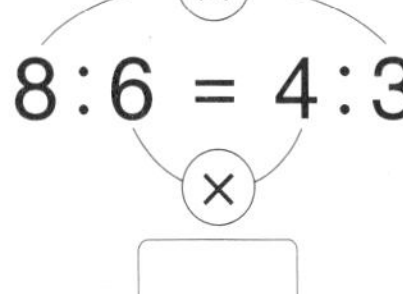

③
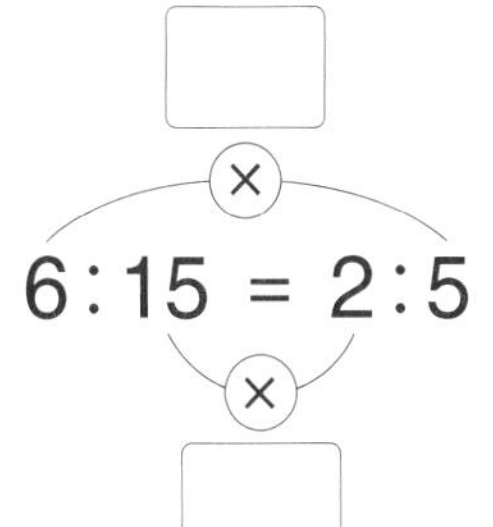

④
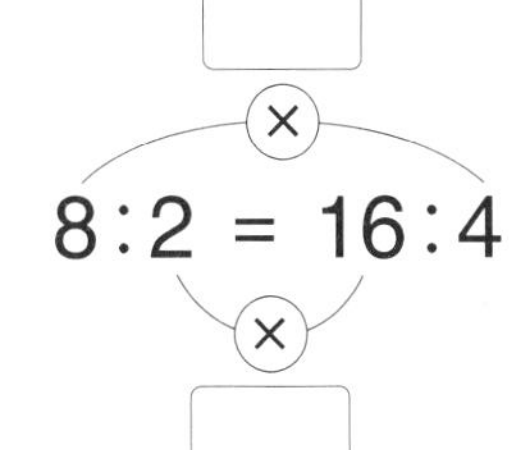

⑤
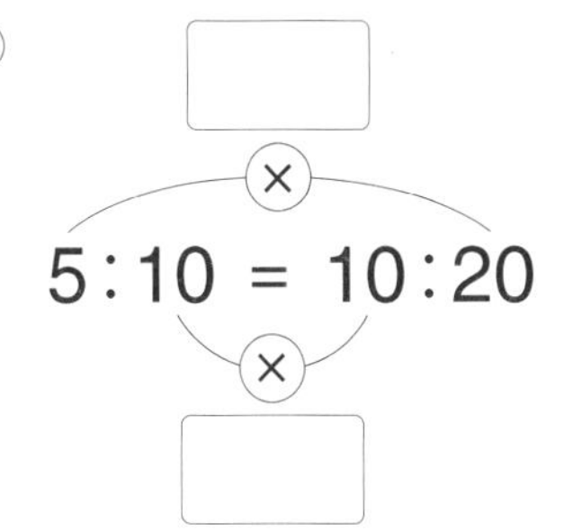

⑥
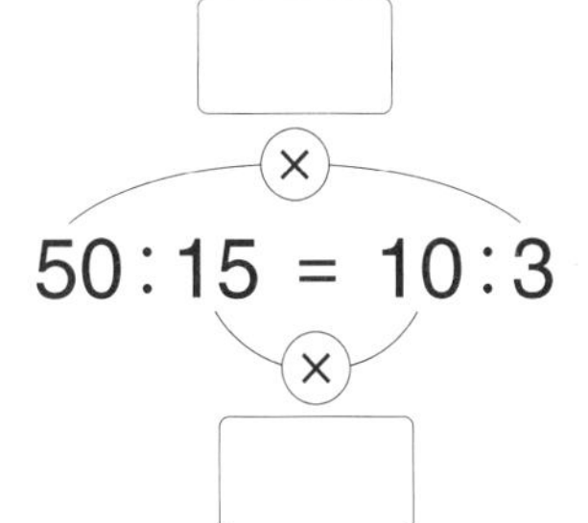

⑦
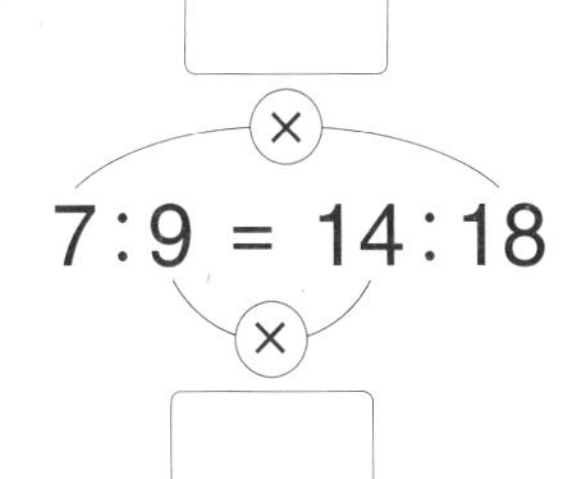

⑧
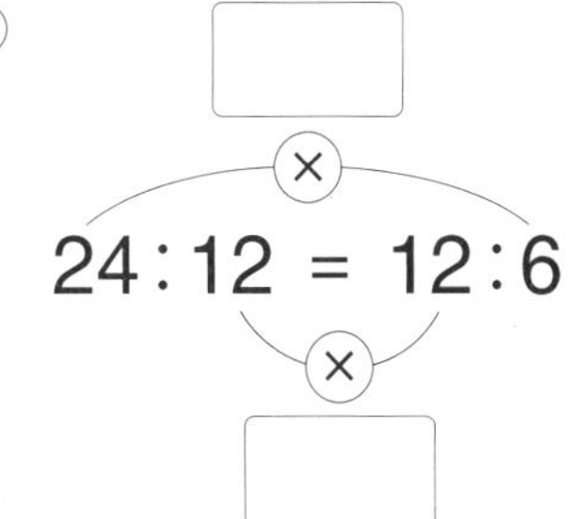

외항의 곱과 내항의 곱이 같다는 걸 이용해서 모르는 수를 구해 봐.

05 비례식의 성질을 이용하여 구하기

● 비례식의 성질을 이용하여 ◯를 구해 보세요.

① 2 : 8 = 6 : ◯

(외항의 곱) = (내항의 곱)

→ 2 × ◯ = 8 × 6

2 × ◯ = 48

◯ = 48 ÷ 2

◯ = 24

② 7 : 70 = ◯ : 20

→ 7 × ___ = 70 × ◯

___ = 70 × ◯

◯ = ___ ÷ 70

◯ = ___

③ 9 : 2 = 27 : ◯

→ 9 × ◯ = 2 × ___

9 × ◯ = ___

◯ = ___ ÷ 9

◯ = ___

④ 35 : 14 = ◯ : 2

→ 35 × ___ = 14 × ◯

___ = 14 × ◯

◯ = ___ ÷ 14

◯ = ___

⑤ 15 : 50 = 6 : ◯

→ 15 × ◯ = 50 × ___

15 × ◯ = ___

◯ = ___ ÷ 15

◯ = ___

⑥ 8 : 12 = ◯ : 30

→ 8 × ___ = 12 × ◯

___ = 12 × ◯

◯ = ___ ÷ 12

◯ = ___

⑦ $3 : \bigcirc = 6 : 8$

➡ $3 \times$ ____ $= \bigcirc \times 6$

____ $= \bigcirc \times 6$

$\bigcirc =$ ____ $\div 6$

$\bigcirc =$ ____

⑧ $\bigcirc : 21 = 4 : 7$

➡ $\bigcirc \times 7 = 21 \times$ ____

$\bigcirc \times 7 =$ ____

$\bigcirc =$ ____ $\div 7$

$\bigcirc =$ ____

⑨ $6 : \bigcirc = 5 : 35$

➡ $6 \times$ ____ $= \bigcirc \times 5$

____ $= \bigcirc \times 5$

$\bigcirc =$ ____ $\div 5$

$\bigcirc =$ ____

⑩ $\bigcirc : 12 = 12 : 3$

➡ $\bigcirc \times 3 = 12 \times$ ____

$\bigcirc \times 3 =$ ____

$\bigcirc =$ ____ $\div 3$

$\bigcirc =$ ____

⑪ $9 : \bigcirc = 21 : 14$

➡ $9 \times$ ____ $= \bigcirc \times 21$

____ $= \bigcirc \times 21$

$\bigcirc =$ ____ $\div 21$

$\bigcirc =$ ____

중학생이 되면 서로 닮은 도형을 배우게 될 거야.

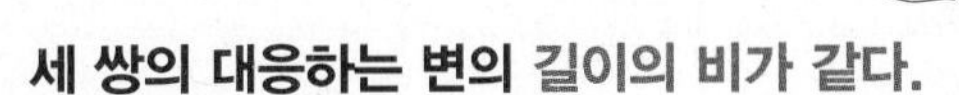

세 쌍의 대응하는 변의 길이의 비가 같다.

$a : a' = b : b' = c : c'$

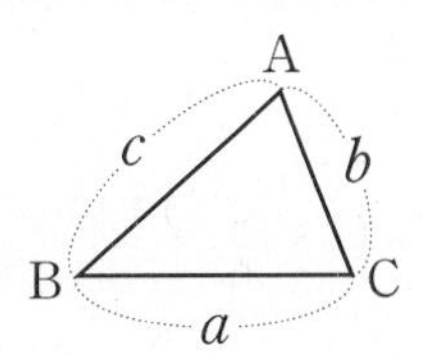

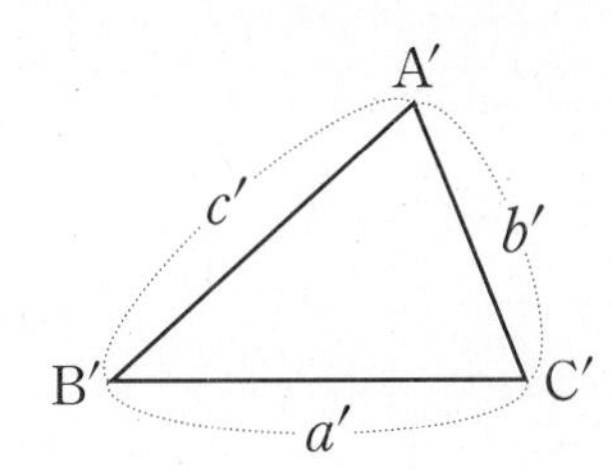

비의 성질이나 비례식의 성질을 이용하여 비례식을 완성할 수 있어.

06 비례식에서 모르는 수 구하기

● 비례식의 빈칸에 알맞은 수를 써 보세요.

① 3 : 5 = 12 : 20

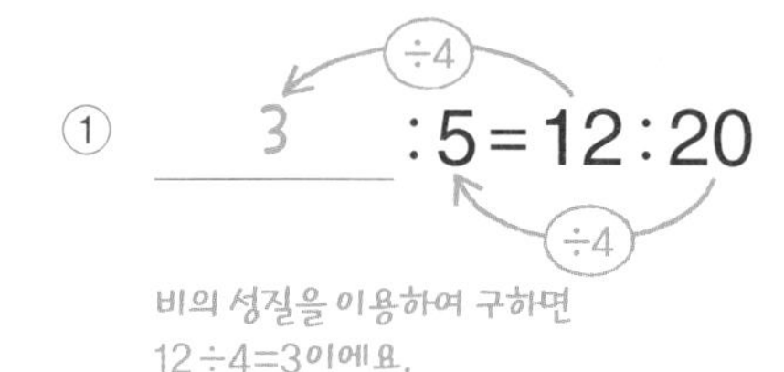

비의 성질을 이용하여 구하면
12÷4=3이에요.

② 7 : ＿＿＿ = 42 : 6

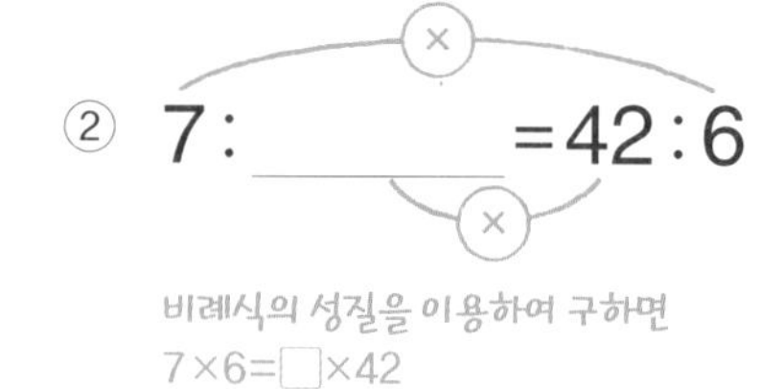

비례식의 성질을 이용하여 구하면
7×6=□×42
□=1이에요.

③ ＿＿＿ : 14 = 4 : 7

④ 18 : ＿＿＿ = 3 : 2

⑤ ＿＿＿ : 12 = 15 : 36

⑥ 5 : ＿＿＿ = 20 : 52

⑦ ＿＿＿ : 16 = 16 : 8

⑧ 20 : ＿＿＿ = 16 : 4

⑨ ＿＿＿ : 10 = 12 : 15

⑩ 27 : ＿＿＿ = 9 : 5

⑪ ＿＿＿ : 9 = 16 : 12

⑫ 17 : ＿＿＿ = 34 : 10

⑬ $4:22=$ ______ $:11$

⑭ $30:9=10:$ ______

⑮ $15:60=$ ______ $:40$

⑯ $15:30=5:$ ______

⑰ $20:4=$ ______ $:14$

⑱ $45:15=6:$ ______

⑲ $16:4=$ ______ $:9$

⑳ $7:35=4:$ ______

㉑ $18:24=$ ______ $:20$

㉒ $30:33=10:$ ______

㉓ $55:11=$ ______ $:13$

㉔ $16:5=48:$ ______

비의 성질이나 비례식의 성질을 이용하여 비례식을 완성할 수 있어.

● 비례식의 빈칸에 알맞은 자연수 또는 기약분수를 써 보세요.

① $7:3=1:\square$

② $3:1=\square:\frac{2}{3}$

③ $9:15=1\frac{4}{5}:\square$

④ $3:9=\square:1\frac{1}{5}$

⑤ $3:10=\frac{1}{6}:\square$

⑥ $15:50=\square:5$

⑦ $\frac{1}{4}:\square=3:8$

⑧ $\square:2\frac{1}{7}=7:5$

⑨ $2:\square=3:4$

⑩ $\square:\frac{1}{4}=6:1$

⑪ $1\frac{1}{11}:\square=10:55$

⑫ $\square:5=18:40$

● 비례식의 빈칸에 알맞은 자연수 또는 소수를 써 보세요.

① $16:6=4:$ ______

② $15:4=$ ______ $:0.8$

③ $9:5=3.6:$ ______

④ $7:15=$ ______ $:9$

⑤ $9:6=3.75:$ ______

⑥ $3:13=$ ______ $:6.5$

⑦ $5:$ ______ $=4:18$

⑧ ______ $:2.5=8:4$

⑨ $4.5:$ ______ $=9:14$

⑩ ______ $:8=7:16$

⑪ $26:$ ______ $=2.6:0.5$

⑫ ______ $:24=0.05:0.4$

07 재료의 양 구하기

비례식을 만들어서 재료의 양을 구해 봐.

● 재료의 비가 다음과 같을 때 재료의 양을 자연수나 소수로 구해 보세요.

① 설탕 : 소금 = 1 : 2

설탕	소금
20 g	40 g
25 g	50 g
50 g	

소금의 양을 □로 하여 비례식을 만들어요.

1 : 2 = 20 : □ → □ = 40(g)

1 : 2 = 25 : □ → □ = 50(g)

② 밀가루 : 설탕 = 8 : 1

밀가루	설탕
80 g	
160 g	
240 g	

③ 밀가루 : 쌀가루 = 2 : 5

밀가루	쌀가루
100 g	
120 g	
150 g	

④ 고춧가루 : 깨 = 4 : 3

고춧가루	깨
80 g	
100 g	
120 g	

⑤ 소금 : 쌀가루 = 4 : 5

소금	쌀가루
8 g	
10 g	
22 g	

⑥ 미숫가루 : 설탕 = 5 : 2

미숫가루	설탕
27 g	
33 g	
50 g	

⑦ 물 : 식초=9 : 4

물	식초
18 mL	
36 mL	
54 mL	

⑧ 참기름 : 간장=5 : 4

참기름	간장
15 mL	
30 mL	
35 mL	

⑨ 우유 : 두유=3 : 2

우유	두유
24 mL	
39 mL	
51 mL	

⑩ 사이다 : 물=7 : 3

사이다	물
70 mL	
105 mL	
700 mL	

⑪ 간장 : 물=5 : 6

간장	물
12 mL	
15 mL	
18 mL	

⑫ 식용유 : 식초=8 : 3

식용유	식초
20 mL	
30 mL	
40 mL	

11 비례배분

비례배분은 전체를 주어진 비로 나누는 거야.

● 10을 3 : 2로 비례배분하기

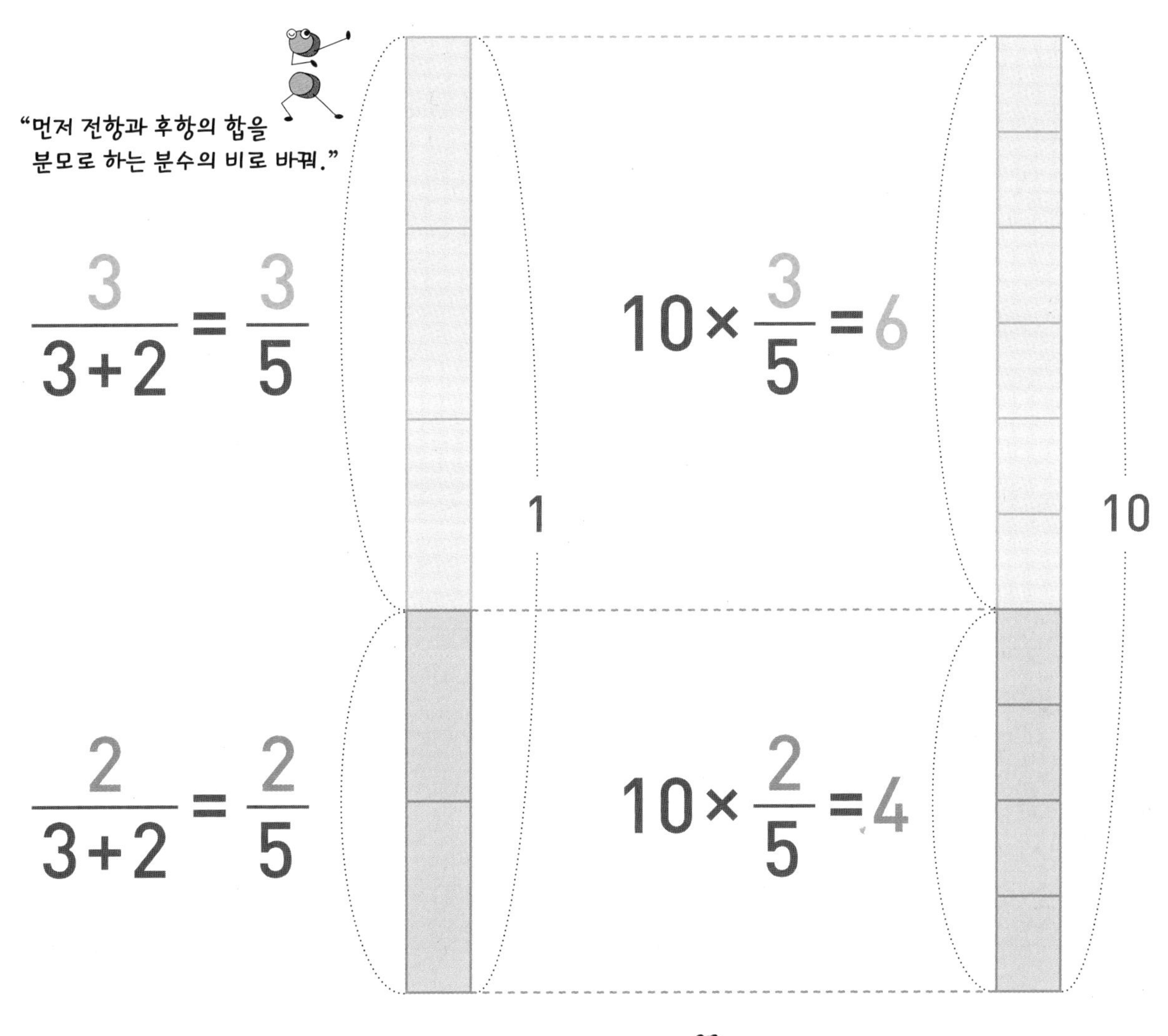
"먼저 전항과 후항의 합을
분모로 하는 분수의 비로 바꿔."
1
10

$$\frac{3}{3+2}=\frac{3}{5} \qquad 10\times\frac{3}{5}=6$$

$$\frac{2}{3+2}=\frac{2}{5} \qquad 10\times\frac{2}{5}=4$$

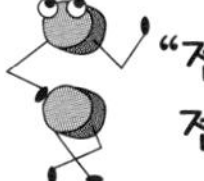

"전체의 몇분의 몇인지 구하고
전체에 분수의 비를 각각 곱해."

01 구슬 나누기

전체 개수가 달라져도 같은 비로 나눌 수 있어.

● 구슬이 주어진 비로 나누어지도록 선을 그려 보세요.

① 1:2

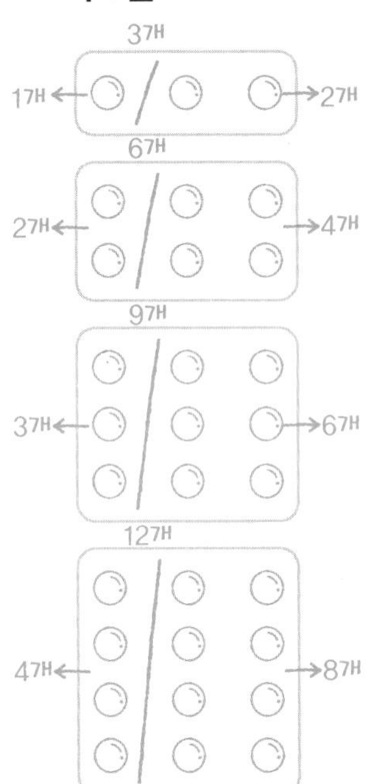

② 1:3

③ 1:4

④ 3:2

⑤ 1:1

⑥ 2:3

전체를 몇 부분으로 나누었는지를 먼저 살펴봐.

02 원 나누기

● 파란색과 노란색의 비가 다음과 같을 때 비에 맞게 색칠한 것에 모두 ○표 하세요.

① 1 : 2

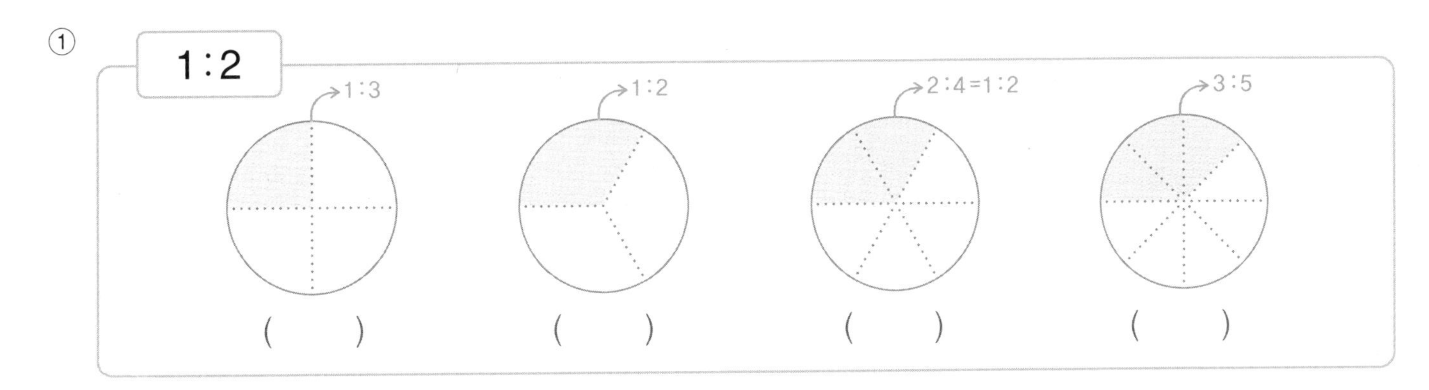

② 1 : 1

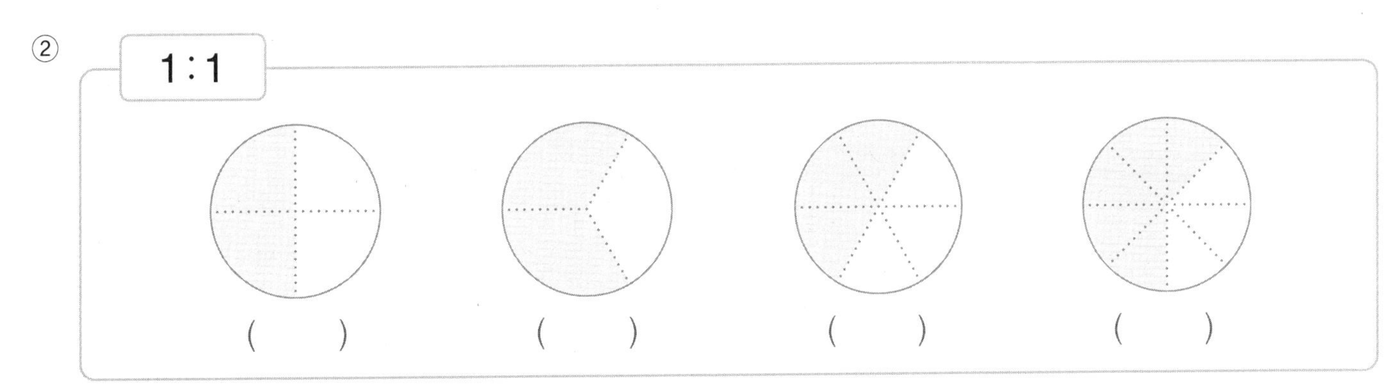

③ 2 : 1

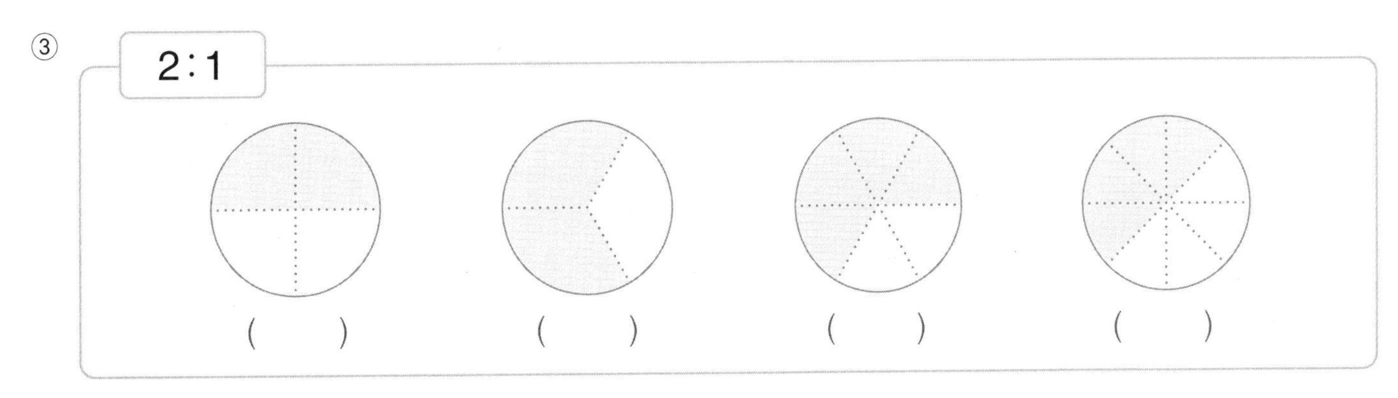

④ 3 : 1

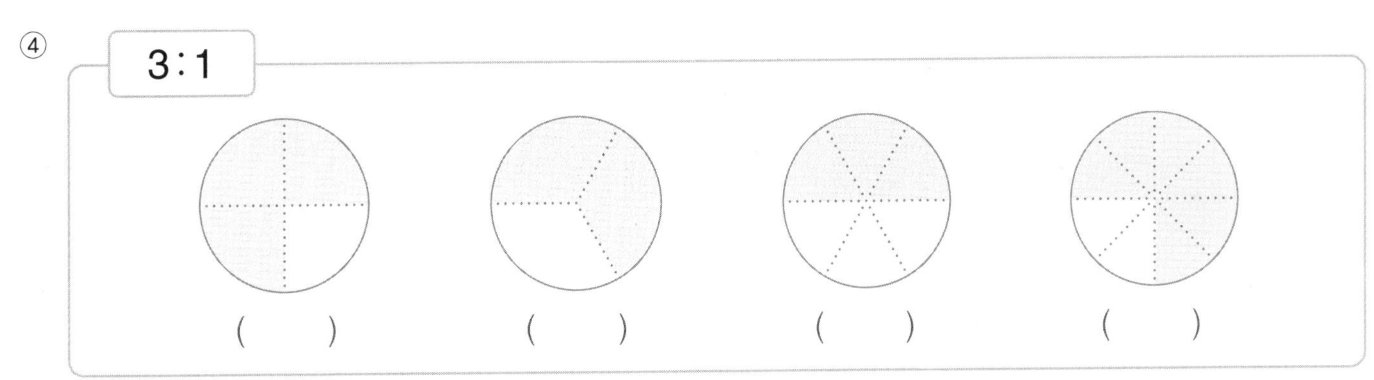

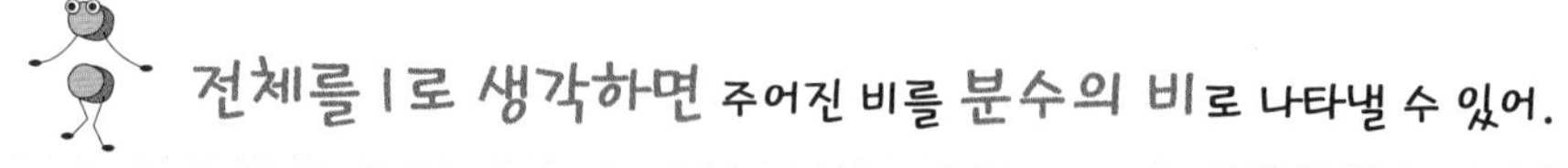

전체를 1로 생각하면 주어진 비를 분수의 비로 나타낼 수 있어.

03 전체의 얼마만큼인지 구하기

● 주어진 비로 나눌 때 각 부분이 전체의 얼마만큼인지 분수로 써 보세요.

① 1 : 1 $= \frac{1}{1+1} : \frac{1}{1+1}$ 전항과 후항의 합을 분모로 하는 분수의 비로 나타내요.

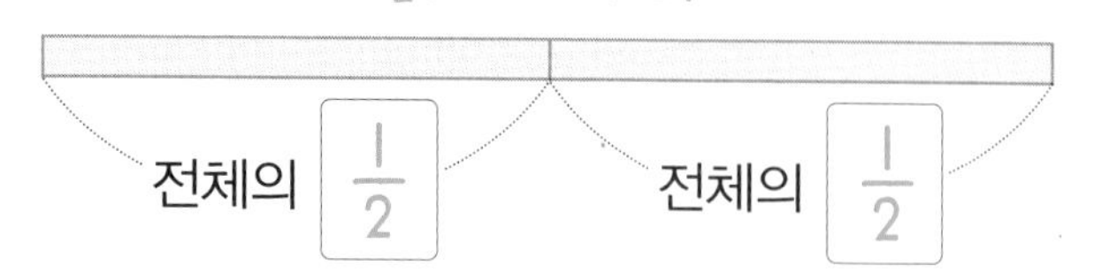

② 3 : 2 $= \frac{3}{3+2} : \frac{2}{3+2}$

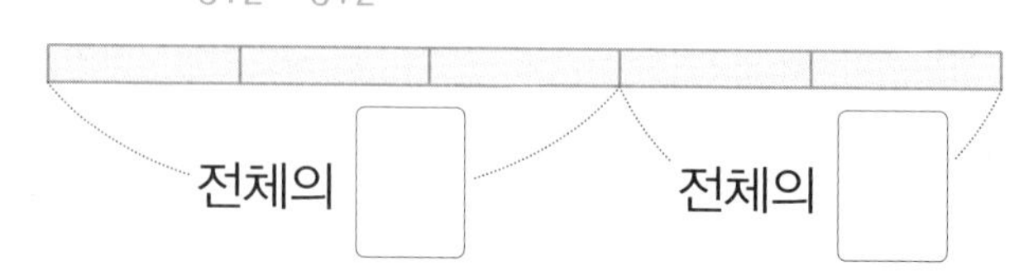

③ 1 : 4

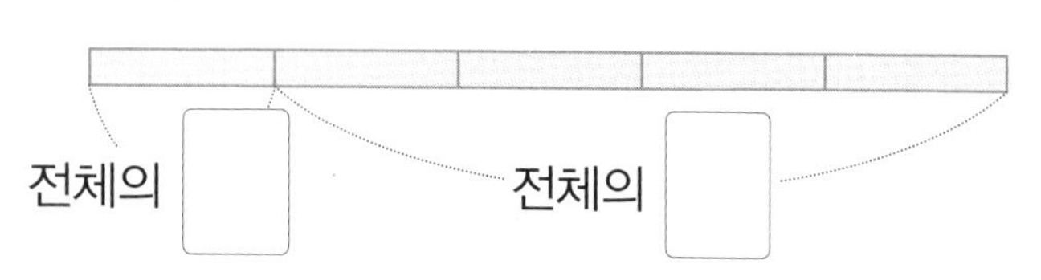

④ 4 : 3

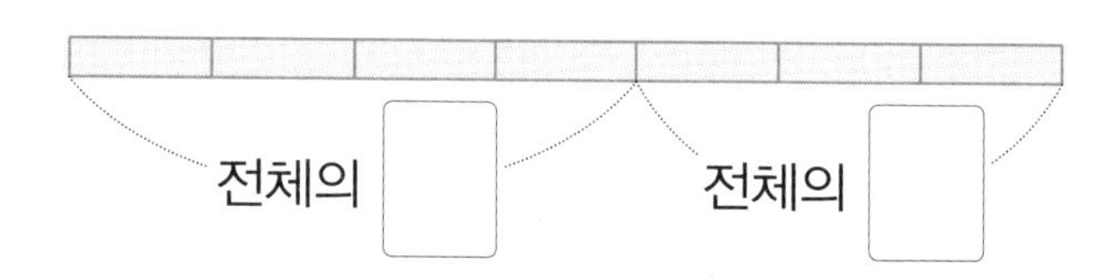

⑤ 6 : 1

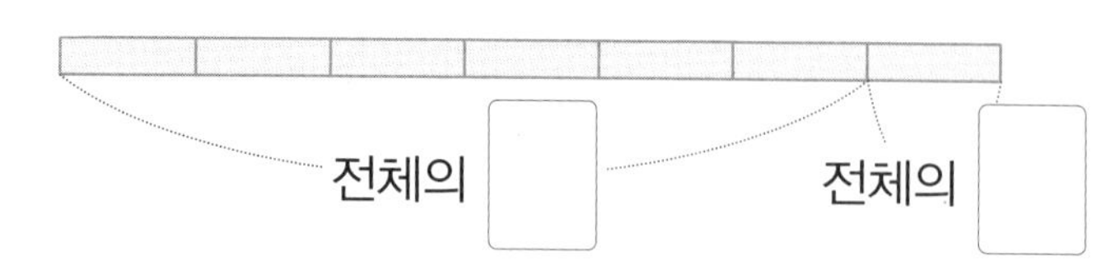

⑥ 3 : 5

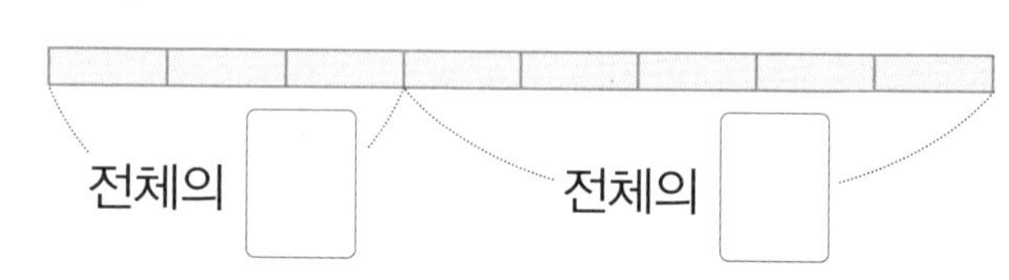

⑦ 5 : 4

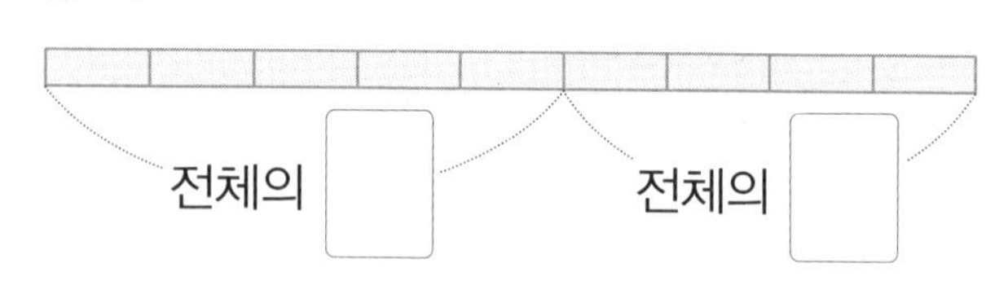

⑧ 2 : 7

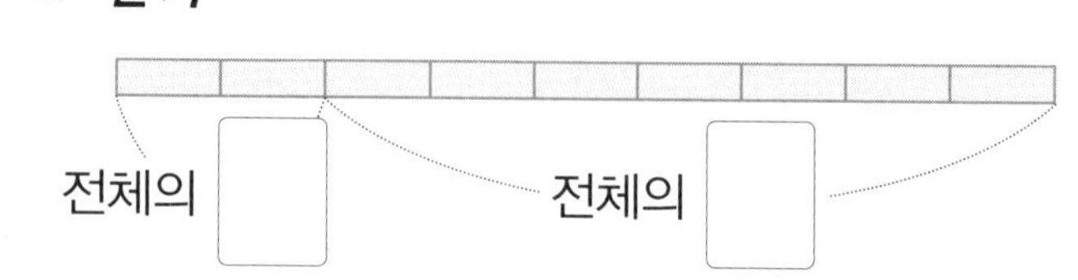

3 : 2는 전체를 3+2=5로 나누어 생각한 것!

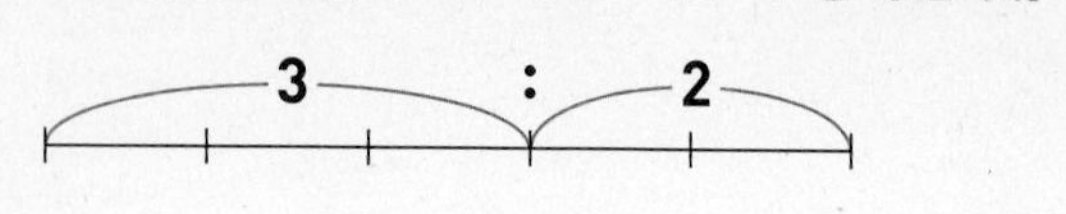

⑨ 5 : 6

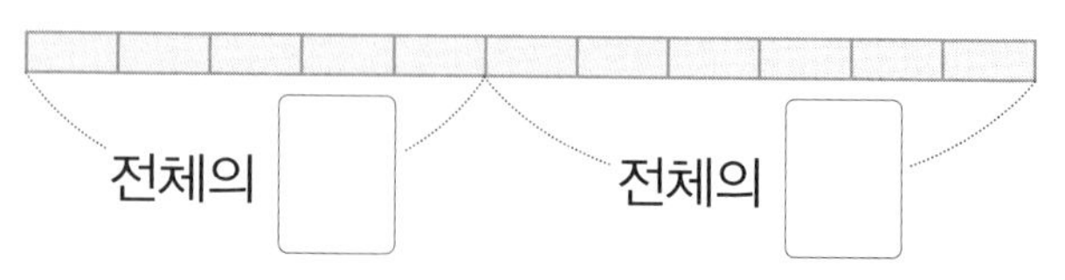

전체를 주어진 비로 나누는 것을 비례배분이라고 해.

04 비례배분하는 방법 익히기

● □ 안에 알맞은 수를 써넣어 비례배분한 값을 구해 보세요.

① 15를 2 : 3으로 비례배분하기

$15\times\frac{2}{2+3}=15\times\frac{2}{5}=\boxed{6}$

$15\times\frac{3}{2+3}=15\times\frac{3}{5}=\boxed{9}$

비례배분한 결과의 합은 전체와 같아요. → 6+9=15

② 20을 4 : 1로 비례배분하기

$20\times\frac{\boxed{4}}{4+1}=20\times\frac{\square}{5}=\square$

$20\times\frac{\square}{4+1}=20\times\frac{\square}{5}=\square$

③ 30을 1 : 5로 비례배분하기

$30\times\frac{\square}{1+\square}=30\times\frac{\square}{\square}=\square$

$30\times\frac{\square}{1+\square}=30\times\frac{\square}{\square}=\square$

④ 21을 5 : 2로 비례배분하기

$21\times\frac{\square}{\square+2}=21\times\frac{\square}{\square}=\square$

$21\times\frac{\square}{\square+2}=21\times\frac{\square}{\square}=\square$

⑤ 77을 3 : 4로 비례배분하기

$77\times\frac{\square}{\square+\square}=77\times\frac{\square}{\square}=\square$

$77\times\frac{\square}{\square+\square}=77\times\frac{\square}{\square}=\square$

⑥ 81을 5 : 4로 비례배분하기

$81\times\frac{\square}{\square+\square}=81\times\frac{\square}{\square}=\square$

$81\times\frac{\square}{\square+\square}=81\times\frac{\square}{\square}=\square$

05 비례배분하기

전체의 얼마만큼인지를 생각하면 쉬워.

● 다음 수를 주어진 비로 비례배분하세요.

① 40을 3 : 5로 비례배분

$40\times\frac{3}{3+5}=40\times\frac{3}{8}=15$

$40\times\frac{5}{3+5}=40\times\frac{5}{8}=25$

➡ 15, 25

비례배분한 결과의 합이 전체와 같은지 확인해 봐요. ⟶ 15+25=40

② 56을 4 : 3으로 비례배분

$56\times\frac{4}{4+3}=$

$56\times\frac{3}{4+3}=$

➡ ______, ______

③ 48을 1 : 5로 비례배분

➡ ______, ______

④ 100을 1 : 4로 비례배분

➡ ______, ______

⑤ 26을 6 : 7로 비례배분

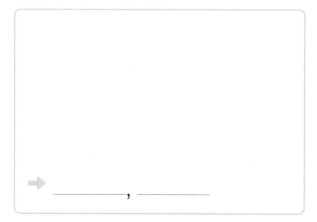

➡ ______, ______

⑥ 80을 9 : 7로 비례배분

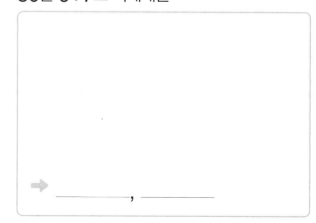

➡ ______, ______

⑦ 120을 7 : 5로 비례배분

➡ ______, ______

⑧ 68을 1 : 3으로 비례배분

➡ ______, ______

⑨ 200을 9 : 11로 비례배분

➡ ______, ______

⑩ 156을 4 : 9로 비례배분

➡ ______, ______

⑪ 147을 5 : 2로 비례배분

➡ ______, ______

⑫ 240을 8 : 7로 비례배분

➡ ______, ______

비례배분의 활용

06 끈을 둘로 나누기

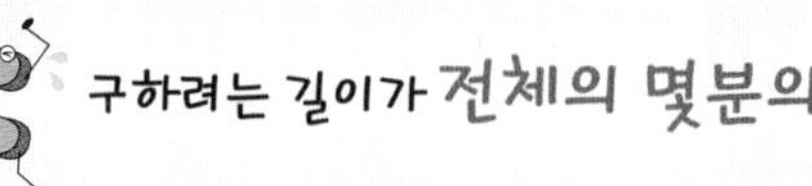

구하려는 길이가 전체의 몇분의 몇인지 생각해 봐.

● 끈을 주어진 비로 비례배분하여 각각의 길이를 구해 보세요.

① 2 : 3으로 나누기

$\frac{2}{2+3} : \frac{3}{2+3} = \frac{2}{5} : \frac{3}{5}$

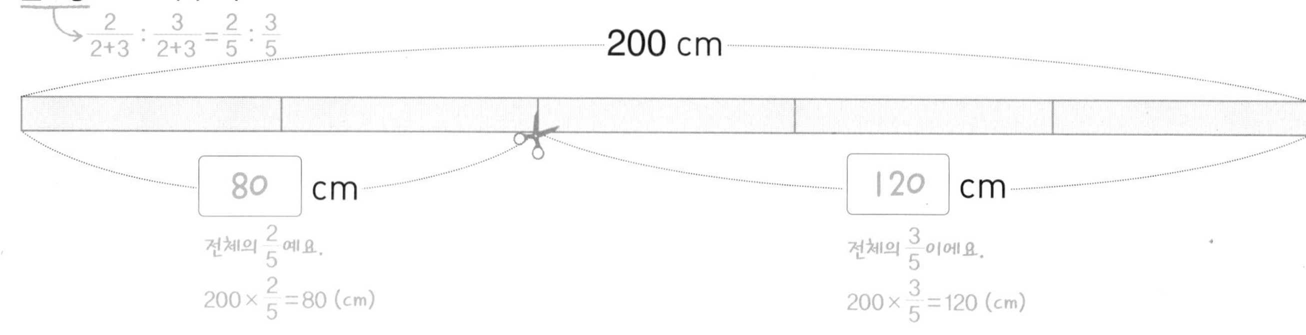

전체의 $\frac{2}{5}$예요.
$200 \times \frac{2}{5} = 80$ (cm)

전체의 $\frac{3}{5}$이에요.
$200 \times \frac{3}{5} = 120$ (cm)

② 4 : 1로 나누기

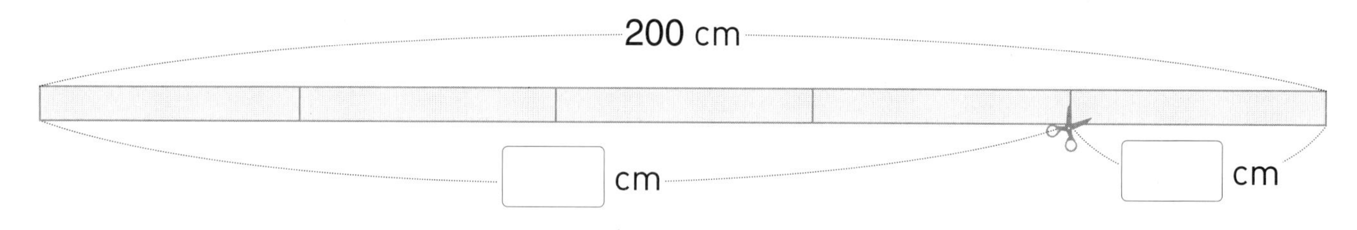

③ 1 : 1로 나누기

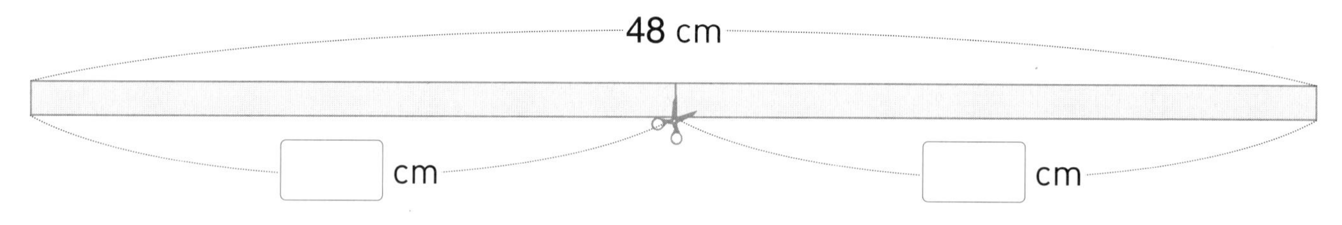

④ 3 : 1로 나누기

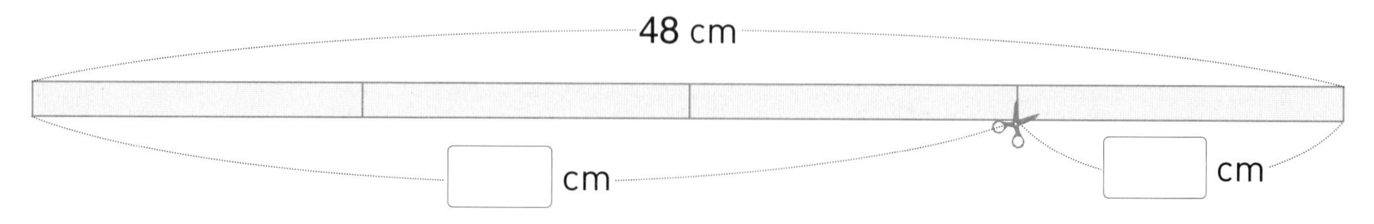

⑤ **1 : 2**로 나누기

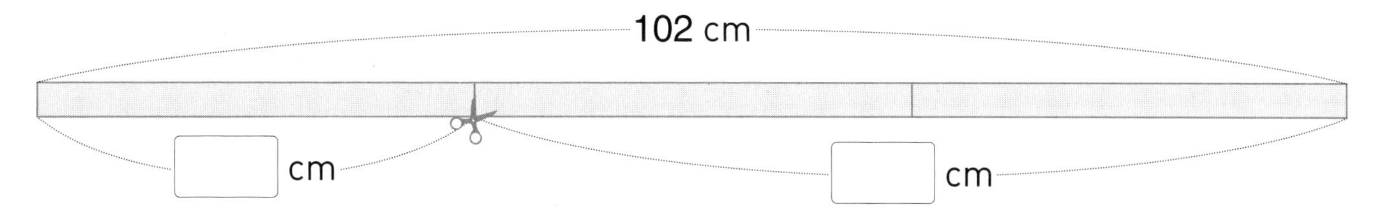

⑥ **1 : 5**로 나누기

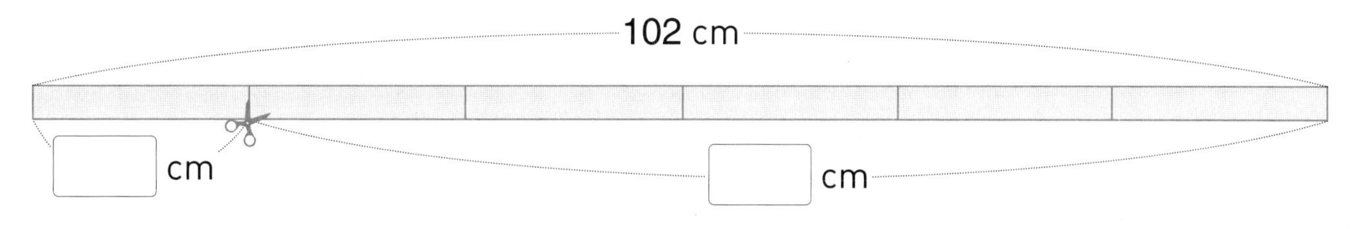

⑦ **3 : 1**로 나누기

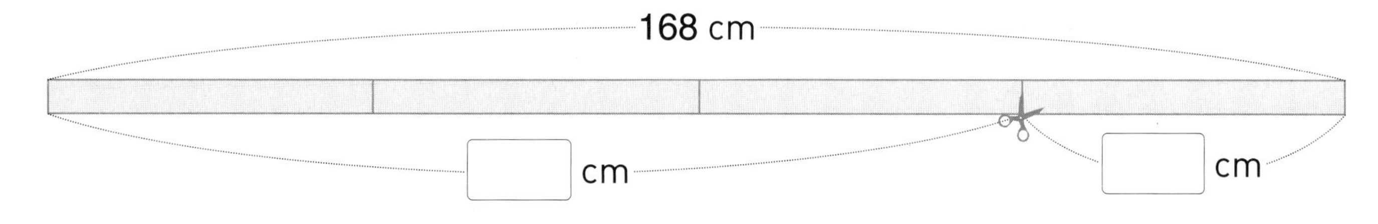

⑧ **5 : 3**으로 나누기

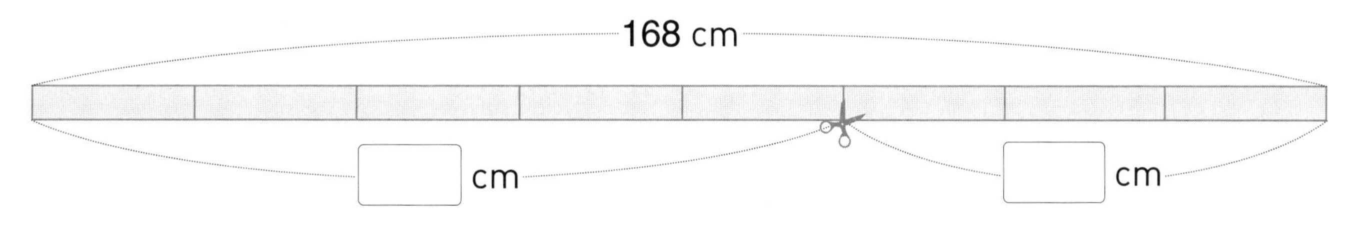

전체의 양에 따라 비례배분된 결과가 어떻게 달라지는지 살펴봐.

07 여러 가지 수를 비례배분하기

● 다음 수를 주어진 비로 비례배분하세요.

① 1 : 4로 비례배분

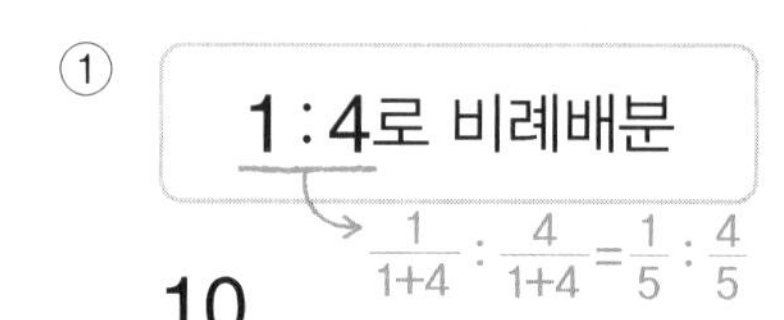

$\frac{1}{1+4} : \frac{4}{1+4} = \frac{1}{5} : \frac{4}{5}$

10

$10 \times \frac{1}{5} = 2$

$10 \times \frac{4}{5} = 8$

➡ 2 , 8

20

$20 \times \frac{1}{5} =$

$20 \times \frac{4}{5} =$

➡ ______ , ______

30

➡ ______ , ______

② 3 : 2로 비례배분

10

➡ ______ , ______

35

➡ ______ , ______

45

➡ ______ , ______

③ 2 : 7로 비례배분

18

➡ ______ , ______

45

➡ ______ , ______

63

➡ ______ , ______

④ 5 : 2로 비례배분

21

➡ ______, ______

35

➡ ______, ______

70

➡ ______, ______

⑤ 3 : 4로 비례배분

28

➡ ______, ______

56

➡ ______, ______

91

➡ ______, ______

⑥ 8 : 5로 비례배분

39

➡ ______, ______

91

➡ ______, ______

117

➡ ______, ______

비에 따라 비례배분된 결과가 어떻게 달라지는지 살펴봐.

08 여러 가지 비로 비례배분하기

● 다음 수를 주어진 비로 비례배분하세요.

① 50

1 : 1로 비례배분

$\frac{1}{1+1} : \frac{1}{1+1} = \frac{1}{2} : \frac{1}{2}$

$50 \times \frac{1}{2} = 25$

$50 \times \frac{1}{2} = 25$

➡ 25, 25

비례배분한 결과의 합이 전체와 같은지 확인해 봐요.

→ 25+25=50

2 : 3으로 비례배분

$\frac{2}{2+3} : \frac{3}{2+3} = \frac{2}{5} : \frac{3}{5}$

$50 \times \frac{2}{5} =$

$50 \times \frac{3}{5} =$

➡ ______, ______

4 : 1로 비례배분

➡ ______, ______

② 48

1 : 1로 비례배분

➡ ______, ______

1 : 5로 비례배분

➡ ______, ______

5 : 3으로 비례배분

➡ ______, ______

비에 따라 비례배분한 값은 달라도
전체의 값은 변하지 않는다.

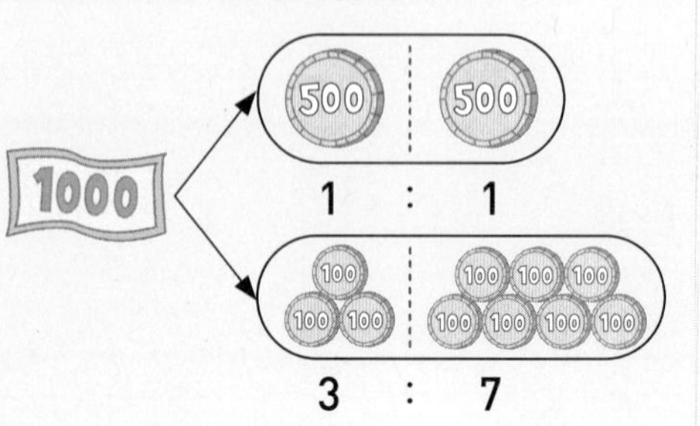

③ 75

1 : 2로 비례배분

➡ ______, ______

4 : 1로 비례배분

➡ ______, ______

④ 300

5 : 1로 비례배분

➡ ______, ______

1 : 3으로 비례배분

➡ ______, ______

7 : 3으로 비례배분

➡ ______, ______

⑤ 144

3 : 1로 비례배분

➡ ______, ______

1 : 5로 비례배분

➡ ______, ______

2 : 7로 비례배분

➡ ______, ______

⑥ 256

1 : 7로 비례배분

➡ ______, ______

3 : 1로 비례배분

➡ ______, ______

3 : 5로 비례배분

➡ ______, ______

수능까지 연결되는 독해 로드맵

디딤돌 독해력은 수능까지 연결되는 체계적인 라인업을 통하여
수능에서 요구하는 핵심 독해 원리에 대한 이해는 물론,
단계 별로 심화되며 연결되는 학습의 과정을 통해
깊이 있고 종합적인 독해 사고의 능력까지 기를 수 있도록 도와줍니다.

기초를 다진 후에는 본격 실전 독해 훈련으로!
디딤돌 독해력 고학년 Ⅰ~Ⅳ
· 수능 국어 독서 영역을 기준으로 주제별, 수준별 구성
· 초등 고학년이 감당할 수 있는 중등 수준의 지문을 4단계로 세분화
독해력 공부를 처음 시작한다면, 기초를 튼튼히!
디딤돌 독해력 초등국어 1~6
· 초등 국어 교과서의 학년별 성취 기준을 바탕으로 독해 목표 설정
· 문학+비문학 제재로 구성, 차근차근 심화되는 독해 원리 학습
1~4학년군 1, 2, 3, 4
5~6학년군 5, 6
디딤돌 독해력
기초
기본
실력
초등
초등 고학년

6B

디딤돌 연산은 수학이다.

정답과 학습지도법

디딤돌
연산은
수학이다.
정답과
학습지도법

1 분모가 같은 진분수끼리의 나눗셈

분모가 같은 진분수를 '단위분수가 몇 개인 수'($\frac{6}{7}$은 $\frac{1}{7}$이 6개인 수)로 이해하게 하면 왜 분자끼리 나누어 몫을 구하는지 쉽게 설명할 수 있습니다. 또는 자연수의 나눗셈 방법을 상기시켜 나누는 수가 몇 번 들어 있는지 생각해 보게 합니다. 분모가 같은 진분수끼리의 나눗셈은 앞으로 배우게 될 분수의 나눗셈의 기초가 되므로 계산 원리를 완벽히 이해할 수 있게 해 주세요.

01 뺄셈으로 몫 구하기 8쪽

① 2
② 2
③ 3
④ 3
⑤ 3
⑥ 4
⑦ 4
⑧ 5

나눗셈의 원리 ● 계산 방법 이해

02 자연수의 나눗셈으로 고쳐서 계산하기 9쪽

① 3
② 2, 4
③ 9, 3, 3
④ 10, 5, 2
⑤ 4, 2, 2
⑥ 6, 3, 2

나눗셈의 원리 ● 계산 방법 이해

03 단위분수의 개수로 나누기 10~11쪽

① 3 / 3, 2
② 4, 2 / 4, 2, 2
③ 9, 3 / 9, 3, 3
④ 4, 6 / 4, 6, $\frac{4}{6}$, $\frac{2}{3}$
⑤ 7, 3 / 7, 3, $\frac{7}{3}$, $2\frac{1}{3}$
⑥ 5, 4 / 5, 4, $\frac{5}{4}$, $1\frac{1}{4}$
⑦ 9, 4 / 9, 4, $\frac{9}{4}$, $2\frac{1}{4}$
⑧ 8, 3 / 8, 3, $\frac{8}{3}$, $2\frac{2}{3}$
⑨ 4, 10 / 4, 10, $\frac{4}{10}$, $\frac{2}{5}$
⑩ 8, 12 / 8, 12, $\frac{8}{12}$, $\frac{2}{3}$

나눗셈의 원리 ● 계산 방법 이해

04 분모가 같은 진분수의 나눗셈 12~14쪽

① 5 ② 7
③ 2 ④ 3
⑤ $\frac{1}{3}$ ⑥ 6
⑦ $\frac{1}{3}$ ⑧ $\frac{1}{5}$
⑨ $\frac{1}{2}$ ⑩ $\frac{9}{19}$
⑪ $\frac{2}{7}$ ⑫ $\frac{5}{2}\left(=2\frac{1}{2}\right)$
⑬ $\frac{1}{4}$ ⑭ $\frac{7}{2}\left(=3\frac{1}{2}\right)$
⑮ $\frac{2}{7}$ ⑯ 3

⑰ $\frac{1}{5}$

⑱ $\frac{2}{5}$

⑲ $\frac{2}{3}$

⑳ 2

㉑ $\frac{10}{3}\left(=3\frac{1}{3}\right)$

㉒ $\frac{2}{3}$

㉓ 3

㉔ $\frac{3}{5}$

㉕ $\frac{7}{16}$

㉖ $\frac{3}{2}\left(=1\frac{1}{2}\right)$

㉗ $\frac{1}{3}$

㉘ $\frac{1}{2}$

㉙ $\frac{18}{5}\left(=3\frac{3}{5}\right)$

㉚ $\frac{9}{5}\left(=1\frac{4}{5}\right)$

㉛ $\frac{11}{2}\left(=5\frac{1}{2}\right)$

㉜ $\frac{1}{7}$

㉝ $\frac{8}{3}\left(=2\frac{2}{3}\right)$

㉞ $\frac{1}{2}$

㉟ $\frac{3}{7}$

㊱ 4

㊲ $\frac{11}{6}\left(=1\frac{5}{6}\right)$

㊳ $\frac{6}{7}$

㊴ $\frac{1}{5}$

㊵ $\frac{1}{4}$

㊶ $\frac{1}{2}$

㊷ $\frac{5}{2}\left(=2\frac{1}{2}\right)$

㊸ $\frac{2}{7}$

㊹ $\frac{2}{9}$

㊺ $\frac{1}{3}$

㊻ $\frac{2}{3}$

㊼ $\frac{28}{13}\left(=2\frac{2}{13}\right)$

㊽ $\frac{16}{9}\left(=1\frac{7}{9}\right)$

나눗셈의 원리 ● 계산 방법 이해

05 다르면서 같은 나눗셈 15~16쪽

① 4, 4, 4

② 2, 2, 2

③ 3, 3, 3

④ 2, 2, 2

⑤ 6, 6, 6

⑥ 4, 4, 4

⑦ $\frac{1}{3}$, $\frac{1}{3}$, $\frac{1}{3}$

⑧ $\frac{1}{4}$, $\frac{1}{4}$, $\frac{1}{4}$

⑨ $\frac{1}{2}$, $\frac{1}{2}$, $\frac{1}{2}$

⑩ $\frac{5}{6}$, $\frac{5}{6}$, $\frac{5}{6}$

⑪ $\frac{7}{3}\left(=2\frac{1}{3}\right)$, $\frac{7}{3}\left(=2\frac{1}{3}\right)$, $\frac{7}{3}\left(=2\frac{1}{3}\right)$

⑫ $\frac{3}{2}\left(=1\frac{1}{2}\right)$, $\frac{3}{2}\left(=1\frac{1}{2}\right)$, $\frac{3}{2}\left(=1\frac{1}{2}\right)$

나눗셈의 원리 ● 계산 원리 이해

06 정해진 수로 나누기 17~18쪽

① 8, 7, 5

② 3, 2, 1

③ 5, 4, 3

④ 2, 1, $\frac{1}{4}$

⑤ 2, 1, $\frac{4}{7}$

⑥ 5, 3, $\frac{3}{2}\left(=1\frac{1}{2}\right)$

⑦ 4, 3, $\frac{2}{3}$

⑧ 3, 2, $\frac{1}{2}$

⑨ 2, $\frac{6}{5}\left(=1\frac{1}{5}\right)$, $\frac{1}{5}$

⑩ 5, 2, $\frac{1}{5}$

나눗셈의 원리 ● 계산 원리 이해

07 바꾸어 나누기 19쪽

① $\frac{1}{5}$, 5
② 2, $\frac{1}{2}$
③ 2, $\frac{1}{2}$
④ $\frac{1}{3}$, 3
⑤ $\frac{4}{7}$, $\frac{7}{4}\left(=1\frac{3}{4}\right)$
⑥ $\frac{9}{5}\left(=1\frac{4}{5}\right)$, $\frac{5}{9}$
⑦ 5, $\frac{1}{5}$
⑧ $\frac{9}{16}$, $\frac{16}{9}\left(=1\frac{7}{9}\right)$

나눗셈의 원리 ● 계산 원리 이해

08 계산하지 않고 크기 비교하기 20쪽

① >
② <
③ <
④ >
⑤ >
⑥ >
⑦ >
⑧ >
⑨ >
⑩ <
⑪ <
⑫ >

나눗셈의 원리 ● 계산 원리 이해

09 내가 만드는 나눗셈식 21쪽

① 예 4, 2
② 예 9, 3
③ 예 8, 2
④ 예 3, 1
⑤ 예 5, 1
⑥ 예 3, 3
⑦ 예 2, 6
⑧ 예 2, 4
⑨ 예 1, 4
⑩ 예 3, 4
⑪ 예 5, 3
⑫ 예 3, 2
⑬ 예 4, 3
⑭ 예 5, 2

나눗셈의 감각 ● 나눗셈의 다양성

2 분모가 다른 진분수끼리의 나눗셈

나누는 수의 분모와 분자를 바꾸어 곱셈으로 계산하는 학습입니다. 나눗셈을 왜 역수를 곱하여 계산하는지 이해하게 하여 기계적으로 문제를 풀지 않도록 해 주시고, 나눗셈이 갖고 있는 연산의 원리와 성질을 문제를 통해 느껴 볼 수 있도록 합니다. 또한 이전 학년에서 배웠던 곱셈과 나눗셈의 관계를 분수의 나눗셈에서도 적용하여 사고력을 기를 수 있도록 해 주세요.

01 분모를 같게 만들어 계산하기 24쪽

① 21, 20, 21, 20, $\frac{21}{20}$, $1\frac{1}{20}$
② 9, 2, 9, 2, $\frac{9}{2}$, $4\frac{1}{2}$
③ 5, 24, 5, 24, $\frac{5}{24}$
④ 20, 21, 20, 21, $\frac{20}{21}$
⑤ 10, 21, 10, 21, $\frac{10}{21}$
⑥ 7, 60, 7, 60, $\frac{7}{60}$
⑦ 7, 15, 7, 15, $\frac{7}{15}$

나눗셈의 원리 ● 계산 방법 이해

02 곱셈으로 고쳐서 계산하기 25~26쪽

① $\frac{15}{14}$, $\frac{3}{4}$
② 9, 3
③ $\frac{7}{5}$, $\frac{7}{8}$
④ $\frac{7}{6}$, $\frac{21}{20}\left(=1\frac{1}{20}\right)$
⑤ 2, $\frac{10}{7}\left(=1\frac{3}{7}\right)$
⑥ $\frac{9}{2}$, $\frac{21}{8}\left(=2\frac{5}{8}\right)$
⑦ $\frac{5}{2}$, $\frac{1}{3}$
⑧ $\frac{17}{10}$, $\frac{17}{26}$
⑨ $\frac{16}{7}$, $\frac{2}{3}$
⑩ $\frac{15}{14}$, $\frac{3}{8}$
⑪ $\frac{38}{5}$, 6
⑫ $\frac{5}{2}$, $\frac{3}{10}$
⑬ 6, $\frac{11}{3}\left(=3\frac{2}{3}\right)$
⑭ $\frac{14}{9}$, $\frac{4}{45}$
⑮ $\frac{21}{4}$, $\frac{6}{7}$
⑯ $\frac{14}{9}$, $\frac{14}{15}$
⑰ $\frac{9}{8}$, $\frac{45}{56}$
⑱ $\frac{6}{5}$, $\frac{3}{20}$
⑲ 8, $\frac{16}{9}\left(=1\frac{7}{9}\right)$
⑳ $\frac{15}{7}$, $\frac{5}{4}\left(=1\frac{1}{4}\right)$
㉑ $\frac{20}{7}$, $\frac{5}{4}\left(=1\frac{1}{4}\right)$
㉒ $\frac{16}{15}$, $\frac{8}{27}$
㉓ $\frac{39}{25}$, $\frac{6}{5}\left(=1\frac{1}{5}\right)$
㉔ 2, $\frac{1}{12}$
㉕ $\frac{33}{8}$, $\frac{45}{16}\left(=2\frac{13}{16}\right)$
㉖ 18, $\frac{3}{5}$
㉗ $\frac{9}{4}$, $\frac{11}{12}$
㉘ $\frac{15}{8}$, $\frac{12}{7}\left(=1\frac{5}{7}\right)$
㉙ $\frac{11}{9}$, $\frac{7}{27}$
㉚ $\frac{28}{3}$, $\frac{77}{24}\left(=3\frac{5}{24}\right)$
㉛ $\frac{26}{15}$, $\frac{2}{9}$

나눗셈의 원리 ● 계산 방법 이해

03 분모가 다른 진분수의 나눗셈 27~29쪽

① 2
② $\frac{4}{3}\left(=1\frac{1}{3}\right)$
③ $\frac{5}{4}\left(=1\frac{1}{4}\right)$
④ $\frac{5}{2}\left(=2\frac{1}{2}\right)$
⑤ $\frac{3}{20}$
⑥ $\frac{8}{9}$
⑦ $\frac{14}{15}$
⑧ $\frac{8}{15}$
⑨ $\frac{49}{48}\left(=1\frac{1}{48}\right)$
⑩ $\frac{4}{9}$
⑪ $\frac{5}{4}\left(=1\frac{1}{4}\right)$
⑫ $\frac{7}{9}$
⑬ 3
⑭ $\frac{16}{15}\left(=1\frac{1}{15}\right)$
⑮ $\frac{27}{11}\left(=2\frac{5}{11}\right)$
⑯ $\frac{11}{3}\left(=3\frac{2}{3}\right)$
⑰ $\frac{39}{25}\left(=1\frac{14}{25}\right)$
⑱ $\frac{22}{23}$
⑲ $\frac{13}{20}$
⑳ $\frac{11}{60}$
㉑ $\frac{13}{2}\left(=6\frac{1}{2}\right)$
㉒ $\frac{4}{3}\left(=1\frac{1}{3}\right)$
㉓ $\frac{4}{5}$
㉔ 2
㉕ $\frac{5}{2}\left(=2\frac{1}{2}\right)$
㉖ $\frac{11}{38}$
㉗ $\frac{20}{27}$
㉘ $\frac{32}{33}$
㉙ $\frac{3}{5}$
㉚ $\frac{13}{32}$
㉛ $\frac{18}{17}\left(=1\frac{1}{17}\right)$
㉜ $\frac{11}{12}$
㉝ $\frac{2}{3}$
㉞ $\frac{8}{21}$
㉟ 2
㊱ $\frac{3}{14}$
㊲ $\frac{14}{15}$
㊳ $\frac{9}{14}$
㊴ 18
㊵ $\frac{51}{91}$
㊶ $\frac{19}{26}$
㊷ $\frac{77}{48}\left(=1\frac{29}{48}\right)$
㊸ $\frac{16}{35}$
㊹ $\frac{32}{27}\left(=1\frac{5}{27}\right)$

㊺ $\frac{7}{12}$

㊻ $\frac{15}{16}$

㊼ $\frac{7}{27}$

㊽ $\frac{9}{10}$

㊾ $\frac{3}{4}$

㊿ $\frac{7}{3}\left(=2\frac{1}{3}\right)$

51 $\frac{8}{9}$

52 $\frac{13}{12}\left(=1\frac{1}{12}\right)$

나눗셈의 원리 ● 계산 방법 이해

04 여러 가지 수로 나누기 30~31쪽

① 2, 3, 4

② 2, 3, 4

③ 3, 4, 5

④ 10, 15, 20

⑤ $\frac{1}{5}, \frac{1}{3}, 1$

⑥ $\frac{2}{7}, \frac{6}{7}, \frac{10}{7}\left(=1\frac{3}{7}\right)$

⑦ 6, 4, 2

⑧ 5, 3, 2

⑨ 16, 8, 4

⑩ 9, 6, 4

⑪ $\frac{49}{15}\left(=3\frac{4}{15}\right), \frac{49}{24}\left(=2\frac{1}{24}\right), \frac{49}{30}\left(=1\frac{19}{30}\right)$

⑫ $\frac{5}{4}\left(=1\frac{1}{4}\right), \frac{5}{16}, \frac{5}{26}$

나눗셈의 원리 ● 계산 원리 이해

05 바꾸어 나누기 32~33쪽

① $\frac{1}{2}, 2$

② $2, \frac{1}{2}$

③ $\frac{5}{6}, \frac{6}{5}\left(=1\frac{1}{5}\right)$

④ $\frac{2}{3}, \frac{3}{2}\left(=1\frac{1}{2}\right)$

⑤ $\frac{8}{75}, \frac{75}{8}\left(=9\frac{3}{8}\right)$

⑥ $\frac{5}{2}\left(=2\frac{1}{2}\right), \frac{2}{5}$

⑦ $\frac{2}{7}, \frac{7}{2}\left(=3\frac{1}{2}\right)$

⑧ $\frac{6}{7}, \frac{7}{6}\left(=1\frac{1}{6}\right)$

⑨ $\frac{6}{5}\left(=1\frac{1}{5}\right), \frac{5}{6}$

⑩ $\frac{1}{2}, 2$

⑪ $\frac{15}{8}\left(=1\frac{7}{8}\right), \frac{8}{15}$

⑫ $\frac{10}{3}\left(=3\frac{1}{3}\right), \frac{3}{10}$

⑬ $\frac{12}{5}\left(=2\frac{2}{5}\right), \frac{5}{12}$

⑭ $\frac{3}{10}, \frac{10}{3}\left(=3\frac{1}{3}\right)$

⑮ $\frac{27}{32}, \frac{32}{27}\left(=1\frac{5}{27}\right)$

나눗셈의 원리 ● 계산 원리 이해

06 몫이 크게 되도록 식 만들기 34쪽

① $\frac{1}{4}$에 ○표, $\frac{1}{4}, \frac{5}{2}\left(=2\frac{1}{2}\right)$

② $\frac{1}{9}$에 ○표, $\frac{1}{9}, \frac{33}{4}\left(=8\frac{1}{4}\right)$

③ $\frac{3}{14}$에 ○표, $\frac{3}{14}, 2$

④ $\frac{5}{12}$에 ○표, $\frac{5}{12}, \frac{16}{15}\left(=1\frac{1}{15}\right)$

⑤ $\frac{3}{8}$에 ○표, $\frac{3}{8}, \frac{56}{45}\left(=1\frac{11}{45}\right)$

⑥ $\frac{5}{16}$에 ○표, $\frac{5}{16}, \frac{7}{3}\left(=2\frac{1}{3}\right)$

나눗셈의 감각 ● 나눗셈의 다양성

07 모르는 수 구하기 35쪽

① $\frac{4}{3}\left(=1\frac{1}{3}\right)$

② $\frac{10}{7}\left(=1\frac{3}{7}\right)$

③ $\frac{3}{10}$

④ $\frac{3}{2}\left(=1\frac{1}{2}\right)$

⑤ $\frac{9}{7}\left(=1\frac{2}{7}\right)$

⑥ $\frac{16}{27}$

⑦ $\frac{4}{21}$

⑧ $\frac{1}{8}$

⑨ $\frac{6}{7}$

⑩ $\frac{3}{4}$

나눗셈의 원리 ● 계산 방법 이해

3 (자연수)÷(분수)

진분수끼리의 나눗셈에 이어 나누는 수의 분모와 분자를 바꾸어 곱셈으로 계산하는 학습이 계속됩니다. 나눗셈의 몫을 구하는 것은 '나누어지는 수' 안에 '나누는 수'가 몇 번 들어 있는 것인지 구하는 것과 같습니다. 이러한 나눗셈의 의미를 이해하게 하여 나눗셈을 곱셈으로 고치는 계산 연습에만 치우치지 않게 해 주세요.

01 곱셈으로 고쳐서 계산하기 38쪽

① 7, 21
② 2, 18
③ 9, 36
④ 3, $\frac{15}{2}\left(=7\frac{1}{2}\right)$
⑤ 9, 9
⑥ 7, 14
⑦ 3, 18
⑧ 9, 27
⑨ 9, 9
⑩ 8, $\frac{16}{3}\left(=5\frac{1}{3}\right)$
⑪ 6, 12
⑫ 5, $\frac{15}{4}\left(=3\frac{3}{4}\right)$
⑬ 9, $\frac{27}{2}\left(=13\frac{1}{2}\right)$
⑭ 4, $\frac{32}{3}\left(=10\frac{2}{3}\right)$
⑮ 7, $\frac{77}{2}\left(=38\frac{1}{2}\right)$
⑯ 8, 16

나눗셈의 원리 ● 계산 방법 이해

02 대분수를 가분수로 고쳐서 계산하기 39쪽

① $\frac{11}{4}\left(=2\frac{3}{4}\right)$
② 4
③ $\frac{6}{5}\left(=1\frac{1}{5}\right)$
④ $\frac{15}{2}\left(=7\frac{1}{2}\right)$
⑤ $\frac{21}{4}\left(=5\frac{1}{4}\right)$
⑥ $\frac{25}{7}\left(=3\frac{4}{7}\right)$
⑦ $\frac{22}{3}\left(=7\frac{1}{3}\right)$
⑧ $\frac{35}{9}\left(=3\frac{8}{9}\right)$
⑨ $\frac{13}{2}\left(=6\frac{1}{2}\right)$
⑩ $\frac{45}{8}\left(=5\frac{5}{8}\right)$
⑪ $\frac{66}{7}\left(=9\frac{3}{7}\right)$
⑫ $\frac{50}{9}\left(=5\frac{5}{9}\right)$
⑬ 18
⑭ 25
⑮ $\frac{22}{3}\left(=7\frac{1}{3}\right)$
⑯ 60

나눗셈의 원리 ● 계산 방법 이해

03 자연수와 분수의 나눗셈 40~43쪽

① 18
② 28
③ $\frac{26}{5}\left(=5\frac{1}{5}\right)$
④ $\frac{33}{4}\left(=8\frac{1}{4}\right)$
⑤ $\frac{21}{8}\left(=2\frac{5}{8}\right)$
⑥ 15
⑦ $\frac{16}{5}\left(=3\frac{1}{5}\right)$
⑧ $\frac{65}{6}\left(=10\frac{5}{6}\right)$
⑨ $\frac{20}{7}\left(=2\frac{6}{7}\right)$
⑩ $\frac{24}{7}\left(=3\frac{3}{7}\right)$
⑪ $\frac{33}{2}\left(=16\frac{1}{2}\right)$
⑫ $\frac{32}{7}\left(=4\frac{4}{7}\right)$
⑬ 24
⑭ $\frac{63}{2}\left(=31\frac{1}{2}\right)$
⑮ $\frac{4}{3}\left(=1\frac{1}{3}\right)$
⑯ 40
⑰ 80
⑱ $\frac{56}{5}\left(=11\frac{1}{5}\right)$
⑲ $\frac{63}{4}\left(=15\frac{3}{4}\right)$
⑳ $\frac{15}{2}\left(=7\frac{1}{2}\right)$
㉑ $\frac{21}{4}\left(=5\frac{1}{4}\right)$
㉒ $\frac{81}{8}\left(=10\frac{1}{8}\right)$
㉓ $\frac{14}{3}\left(=4\frac{2}{3}\right)$
㉔ $\frac{63}{8}\left(=7\frac{7}{8}\right)$
㉕ $\frac{21}{4}\left(=5\frac{1}{4}\right)$
㉖ $\frac{52}{3}\left(=17\frac{1}{3}\right)$
㉗ $\frac{56}{5}\left(=11\frac{1}{5}\right)$
㉘ 4
㉙ $\frac{78}{5}\left(=15\frac{3}{5}\right)$
㉚ $\frac{32}{3}\left(=10\frac{2}{3}\right)$
㉛ $\frac{54}{5}\left(=10\frac{4}{5}\right)$
㉜ 48
㉝ $\frac{34}{7}\left(=4\frac{6}{7}\right)$
㉞ $\frac{11}{3}\left(=3\frac{2}{3}\right)$
㉟ $\frac{12}{5}\left(=2\frac{2}{5}\right)$
㊱ $\frac{44}{5}\left(=8\frac{4}{5}\right)$
㊲ $\frac{69}{8}\left(=8\frac{5}{8}\right)$
㊳ 108
㊴ $\frac{45}{4}\left(=11\frac{1}{4}\right)$
㊵ $\frac{14}{3}\left(=4\frac{2}{3}\right)$
㊶ $\frac{99}{7}\left(=14\frac{1}{7}\right)$
㊷ 56
㊸ $\frac{16}{3}\left(=5\frac{1}{3}\right)$
㊹ $\frac{21}{2}\left(=10\frac{1}{2}\right)$
㊺ 30
㊻ $\frac{28}{3}\left(=9\frac{1}{3}\right)$

⑰ $\frac{75}{2}\left(=37\frac{1}{2}\right)$

㊽ 20

㊾ 66

㊿ $\frac{76}{5}\left(=15\frac{1}{5}\right)$

(51) 9

(52) $\frac{7}{4}\left(=1\frac{3}{4}\right)$

(53) $\frac{38}{3}\left(=12\frac{2}{3}\right)$

(54) 30

(55) $\frac{36}{7}\left(=5\frac{1}{7}\right)$

(56) $\frac{51}{8}\left(=6\frac{3}{8}\right)$

(57) $\frac{100}{3}\left(=33\frac{1}{3}\right)$

(58) $\frac{24}{7}\left(=3\frac{3}{7}\right)$

(59) 40

(60) $\frac{95}{3}\left(=31\frac{2}{3}\right)$

(61) $\frac{46}{3}\left(=15\frac{1}{3}\right)$

(62) $\frac{33}{2}\left(=16\frac{1}{2}\right)$

나눗셈의 원리 ● 계산 방법 이해

04 여러 가지 수로 나누기 44~45쪽

① 6, 9, 12, 15, 18, 21, 24 /
8, 12, 16, 20, 24, 28, 32 /
10, 15, 20, 25, 30, 35, 40

② 12, 18, 24, 30, 36, 42, 48 /
14, 21, 28, 35, 42, 49, 56 /
16, 24, 32, 40, 48, 56, 64

③ 3, 5, 7, 9, 11, 13, 15 /
6, 10, 14, 18, 22, 26, 30 /
9, 15, 21, 27, 33, 39, 45

④ 2, 3, 4, 6, 7, 8, 9 /
4, 6, 8, 12, 14, 16, 18 /
6, 9, 12, 18, 21, 24, 27

⑤ 4, 8, 10, 14, 16, 20, 22 /
6, 12, 15, 21, 24, 30, 33 /
8, 16, 20, 28, 32, 40, 44

⑥ 12, 20, 28, 36, 44, 52, 60 /
15, 25, 35, 45, 55, 65, 75 /
18, 30, 42, 54, 66, 78, 90

나눗셈의 원리 ● 계산 원리 이해

05 분수가 몇 번 들어 있는지 구하기(1) 46~47쪽

① 12, 6, 4
② 18, 9, 6
③ 24, 12, 8
④ 30, 15, 6
⑤ 12, 6, 3
⑥ 20, 10, 4

나눗셈의 원리 ● 계산 방법 이해

06 분수가 몇 번 들어 있는지 구하기(2) 48~49쪽

① $1\div\frac{1}{7}=7$, 7번
② $4\div\frac{1}{7}=28$, 28번
③ $8\div\frac{1}{7}=56$, 56번
④ $9\div\frac{1}{7}=63$, 63번

① $2\div\frac{2}{5}=5$, 5번
② $4\div\frac{2}{5}=10$, 10번
③ $6\div\frac{2}{5}=15$, 15번
④ $10\div\frac{2}{5}=25$, 25번

① $4\div\frac{2}{3}=6$, 6번
② $8\div\frac{2}{3}=12$, 12번
③ $12\div\frac{2}{3}=18$, 18번
④ $16\div\frac{2}{3}=24$, 24번

① $3\div\frac{3}{4}=4$, 4번
② $6\div\frac{3}{4}=8$, 8번
③ $9\div\frac{3}{4}=12$, 12번
④ $12\div\frac{3}{4}=16$, 16번

나눗셈의 원리 ● 계산 방법 이해

07 몫이 자연수인 나눗셈식 만들기 50쪽

① 예 4, 5
② 예 2, 3
③ 예 6, 48
④ 예 3, 15
⑤ 예 10, 14
⑥ 예 3, 4
⑦ 예 3, 10
⑧ 예 12, 14
⑨ 예 5, 6
⑩ 예 15, 24
⑪ 예 6, 11
⑫ 예 11, 14
⑬ 예 3, 14
⑭ 예 8, 13

나눗셈의 감각 ● 나눗셈의 다양성

08 모르는 수 구하기 51쪽

① 10
② 15
③ 20
④ 45
⑤ 49
⑥ 54
⑦ $\frac{40}{3}\left(=13\frac{1}{3}\right)$
⑧ 33
⑨ $\frac{9}{2}\left(=4\frac{1}{2}\right)$
⑩ $\frac{20}{3}\left(=6\frac{2}{3}\right)$
⑪ $\frac{65}{6}\left(=10\frac{5}{6}\right)$
⑫ $\frac{30}{11}\left(=2\frac{8}{11}\right)$

나눗셈의 원리 ● 계산 방법 이해

4 대분수의 나눗셈

대분수는 (자연수)+(진분수)이므로 나눗셈이나 곱셈을 할 때 대분수 그대로 계산할 수 없습니다. 따라서 반드시 가분수로 고쳐서 계산할 수 있도록 하고, 그 이유를 설명해 주세요. 분배법칙을 이용해서 $1\frac{3}{5}\div\frac{1}{2}=1\div\frac{1}{2}+\frac{3}{5}\div\frac{1}{2}$과 같이 계산할 수도 있지만 초등 과정에서는 다루지 않으므로 가분수로 고쳐서 계산하도록 지도합니다.

01 대분수를 가분수로 고쳐서 계산하기 54~55쪽

① 13, $\frac{26}{5}\left(=5\frac{1}{5}\right)$
② 8, 3
③ 12, $\frac{32}{5}\left(=6\frac{2}{5}\right)$
④ 18, $\frac{5}{21}$
⑤ 17, 9, $\frac{34}{27}\left(=1\frac{7}{27}\right)$
⑥ 25, 10, $\frac{15}{16}$
⑦ 11, 22, $\frac{5}{4}\left(=1\frac{1}{4}\right)$
⑧ 13, 26, $\frac{1}{2}$
⑨ 34, 17, 4
⑩ 24, 12, $\frac{22}{7}\left(=3\frac{1}{7}\right)$
⑪ 63, 7, $\frac{9}{4}\left(=2\frac{1}{4}\right)$
⑫ 33, 11, $\frac{27}{4}\left(=6\frac{3}{4}\right)$
⑬ 32, 14, $\frac{16}{21}$
⑭ 64, 12, $\frac{16}{9}\left(=1\frac{7}{9}\right)$

나눗셈의 원리 ● 계산 방법 이해

02 대분수의 나눗셈 56~58쪽

① 3 ② 3

③ $\frac{1}{2}$ ④ $\frac{45}{92}$

⑤ 1 ⑥ $\frac{35}{6}\left(=5\frac{5}{6}\right)$

⑦ 44 ⑧ $\frac{9}{10}$

⑨ $\frac{26}{21}\left(=1\frac{5}{21}\right)$ ⑩ 6

⑪ $\frac{65}{6}\left(=10\frac{5}{6}\right)$ ⑫ $\frac{65}{42}\left(=1\frac{23}{42}\right)$

⑬ $\frac{33}{7}\left(=4\frac{5}{7}\right)$ ⑭ $\frac{34}{15}\left(=2\frac{4}{15}\right)$

⑮ $\frac{5}{21}$ ⑯ $\frac{7}{16}$

⑰ $\frac{15}{2}\left(=7\frac{1}{2}\right)$ ⑱ 3

⑲ $\frac{4}{15}$ ⑳ $\frac{32}{9}\left(=3\frac{5}{9}\right)$

㉑ $\frac{68}{21}\left(=3\frac{5}{21}\right)$ ㉒ $\frac{5}{18}$

㉓ $\frac{11}{6}\left(=1\frac{5}{6}\right)$ ㉔ $\frac{10}{9}\left(=1\frac{1}{9}\right)$

㉕ $\frac{25}{44}$ ㉖ $\frac{6}{5}\left(=1\frac{1}{5}\right)$

㉗ $\frac{4}{17}$ ㉘ 2

㉙ $\frac{14}{39}$ ㉚ $\frac{27}{119}$

㉛ $\frac{35}{81}$ ㉜ $\frac{45}{34}\left(=1\frac{11}{34}\right)$

㉝ 7 ㉞ $\frac{5}{12}$

㉟ $\frac{14}{27}$ ㊱ $\frac{5}{3}\left(=1\frac{2}{3}\right)$

㊲ $\frac{3}{40}$ ㊳ 5

㊴ $\frac{3}{2}\left(=1\frac{1}{2}\right)$ ㊵ $\frac{39}{2}\left(=19\frac{1}{2}\right)$

㊶ $\frac{18}{7}\left(=2\frac{4}{7}\right)$ ㊷ $\frac{8}{27}$

㊸ 4 ㊹ $\frac{15}{8}\left(=1\frac{7}{8}\right)$

㊺ $\frac{1}{3}$ ㊻ $\frac{22}{35}$

㊼ $\frac{55}{34}\left(=1\frac{21}{34}\right)$ ㊽ $\frac{1}{3}$

나눗셈의 원리 ● 계산 방법 이해

03 바꾸어 나누기 59~60쪽

① 3, $\frac{1}{3}$ ② $\frac{1}{2}$, 2

③ $\frac{7}{4}\left(=1\frac{3}{4}\right)$, $\frac{4}{7}$ ④ 6, $\frac{1}{6}$

⑤ $\frac{6}{13}$, $\frac{13}{6}\left(=2\frac{1}{6}\right)$ ⑥ $\frac{3}{10}$, $\frac{10}{3}\left(=3\frac{1}{3}\right)$

⑦ $\frac{25}{27}$, $\frac{27}{25}\left(=1\frac{2}{25}\right)$ ⑧ $\frac{28}{11}\left(=2\frac{6}{11}\right)$, $\frac{11}{28}$

⑨ $\frac{2}{3}$, $\frac{3}{2}\left(=1\frac{1}{2}\right)$ ⑩ $\frac{3}{7}$, $\frac{7}{3}\left(=2\frac{1}{3}\right)$

⑪ $\frac{7}{15}$, $\frac{15}{7}\left(=2\frac{1}{7}\right)$ ⑫ $\frac{6}{35}$, $\frac{35}{6}\left(=5\frac{5}{6}\right)$

⑬ $\frac{63}{32}\left(=1\frac{31}{32}\right)$, $\frac{32}{63}$ ⑭ $\frac{36}{35}\left(=1\frac{1}{35}\right)$, $\frac{35}{36}$

⑮ $\frac{12}{7}\left(=1\frac{5}{7}\right)$, $\frac{7}{12}$ ⑯ $\frac{20}{43}$, $\frac{43}{20}\left(=2\frac{3}{20}\right)$

나눗셈의 원리 ● 계산 원리 이해

04 어림하여 크기 비교하기 61쪽

① $1\frac{2}{7} \div \frac{3}{5}$에 ○표

② $1\frac{1}{5} \div \frac{4}{5}$에 ○표

③ $3\frac{2}{3} \div \frac{1}{2}$에 ○표

④ $2\frac{1}{12} \div \frac{2}{3}$에 ○표

⑤ $4\frac{1}{6} \div \frac{5}{13}$에 ○표

⑥ $2\frac{4}{9} \div \frac{3}{8}$에 ○표

나눗셈의 원리 ● 계산 원리 이해

05 모르는 수 구하기 62쪽

① 4
② $\frac{10}{3}\left(=3\frac{1}{3}\right)$
③ $\frac{6}{5}\left(=1\frac{1}{5}\right)$
④ $\frac{14}{27}$
⑤ $\frac{3}{5}$
⑥ $\frac{10}{7}\left(=1\frac{3}{7}\right)$
⑦ $\frac{12}{35}$
⑧ $\frac{10}{27}$
⑨ $\frac{11}{20}$
⑩ $\frac{25}{14}\left(=1\frac{11}{14}\right)$

나눗셈의 원리 ● 계산 방법 이해

06 몫이 가장 크게 되는 나눗셈식 만들기 63쪽

① $2\frac{2}{3}$, $\frac{8}{9}$, 3
② $2\frac{5}{6}$, $1\frac{3}{4}$, $\frac{34}{21}\left(=1\frac{13}{21}\right)$
③ $2\frac{1}{2}$, $\frac{7}{8}$, $\frac{20}{7}\left(=2\frac{6}{7}\right)$
④ $1\frac{4}{9}$, $1\frac{1}{6}$, $\frac{26}{21}\left(=1\frac{5}{21}\right)$
⑤ $2\frac{5}{8}$, $1\frac{1}{4}$, $\frac{21}{10}\left(=2\frac{1}{10}\right)$
⑥ $3\frac{2}{3}$, $1\frac{1}{9}$, $\frac{33}{10}\left(=3\frac{3}{10}\right)$
⑦ $3\frac{5}{6}$, $2\frac{1}{4}$, $\frac{46}{27}\left(=1\frac{19}{27}\right)$

나눗셈의 감각 ● 나눗셈의 다양성

5 분수의 혼합 계산

분수의 혼합 계산은 자연수의 혼합 계산과 마찬가지로 ×, ÷을 먼저, +, −을 나중에 계산합니다. ×, ÷은 계산 과정에서 약분하여 간단히 계산하고 +, −을 할 때에는 통분하여 계산해야 하는 것에 주의합니다. 분수의 계산은 자연수의 계산보다 복잡하고 어렵게 느끼므로 반드시 계산 전에 순서를 먼저 표시해 둘 수 있도록 지도해 주세요.

01 한꺼번에 계산하기 66~67쪽

① 3
② $\frac{6}{5}\left(=1\frac{1}{5}\right)$
③ $\frac{11}{24}$
④ $\frac{1}{4}$
⑤ $\frac{2}{9}$
⑥ $\frac{25}{32}$
⑦ $\frac{7}{8}$
⑧ $\frac{7}{2}\left(=3\frac{1}{2}\right)$
⑨ $\frac{16}{27}$
⑩ $\frac{5}{2}\left(=2\frac{1}{2}\right)$
⑪ $\frac{75}{32}\left(=2\frac{11}{32}\right)$
⑫ $\frac{9}{10}$
⑬ $\frac{49}{12}\left(=4\frac{1}{12}\right)$
⑭ $\frac{40}{33}\left(=1\frac{7}{33}\right)$
⑮ $\frac{65}{2}\left(=32\frac{1}{2}\right)$
⑯ $\frac{9}{2}\left(=4\frac{1}{2}\right)$

혼합 계산의 성질 ● 계산 순서

02 계산 순서를 표시하고 계산하기 68~69쪽

① $1\frac{1}{2}\times1\frac{1}{3}-1\frac{1}{5}=\frac{3}{2}\times\frac{4}{3}-\frac{6}{5}=2-\frac{6}{5}=\frac{10}{5}-\frac{6}{5}=\frac{4}{5}$

곱셈을 먼저 계산한 다음 뺄셈을 계산해요.

② $\frac{3}{4}+2\frac{2}{3}\div1\frac{1}{9}=\frac{63}{20}\left(=3\frac{3}{20}\right)$

③ $3\frac{3}{14}\div1\frac{4}{21}+2\frac{4}{15}=\frac{149}{30}\left(=4\frac{29}{30}\right)$

④ $1\frac{5}{21}+3\frac{1}{5}\times1\frac{3}{7}=\frac{122}{21}\left(=5\frac{17}{21}\right)$

⑤ $5\frac{5}{8}\div2\frac{1}{12}+1\frac{2}{3}=\frac{131}{30}\left(=4\frac{11}{30}\right)$

⑥ $2\frac{7}{10}\times\frac{8}{9}-2\frac{1}{6}=\frac{7}{30}$

⑦ $1\frac{1}{3}-\frac{1}{4}\div1\frac{3}{8}=\frac{38}{33}\left(=1\frac{5}{33}\right)$

⑧ $2\frac{3}{14}+1\frac{5}{8}\times2\frac{2}{7}=\frac{83}{14}\left(=5\frac{13}{14}\right)$

⑨ $2\frac{2}{9}\div3\frac{1}{3}-\frac{1}{9}=\frac{5}{9}$

⑩ $1\frac{1}{6}\times1\frac{11}{21}+1\frac{3}{4}=\frac{127}{36}\left(=3\frac{19}{36}\right)$

⑪ $2\frac{2}{3}+3\frac{4}{7}\div2\frac{3}{11}=\frac{89}{21}\left(=4\frac{5}{21}\right)$

⑫ $4\frac{5}{12}-1\frac{3}{4}\times2\frac{2}{7}=\frac{5}{12}$

⑬ $3\frac{5}{9}\times1\frac{7}{8}-4\frac{1}{5}=\frac{37}{15}\left(=2\frac{7}{15}\right)$

⑭ $5\frac{5}{9}\times1\frac{2}{25}-1\frac{8}{9}=\frac{37}{9}\left(=4\frac{1}{9}\right)$

혼합 계산의 성질 ● 계산 순서

03 괄호 안을 먼저 계산하기 70~71쪽

① $\frac{1}{4}$

② $\frac{3}{4}$

③ $\frac{9}{8}\left(=1\frac{1}{8}\right)$

④ $\frac{164}{21}\left(=7\frac{17}{21}\right)$

⑤ $\frac{3}{8}$

⑥ 2

⑦ 1

⑧ $\frac{3}{4}$

⑨ 2

⑩ $\frac{91}{24}\left(=3\frac{19}{24}\right)$

⑪ $\frac{25}{54}$

⑫ $\frac{305}{21}\left(=14\frac{11}{21}\right)$

⑬ $\frac{22}{5}\left(=4\frac{2}{5}\right)$

⑭ $\frac{11}{25}$

⑮ 9

혼합 계산의 성질 ● 계산 순서

계산식에서의 괄호

( )를 하는 이유는 이 부분만 따로 묶어서 계산한다는 뜻입니다. 즉, ( )로 묶은 것을 하나의 수로 생각하는 것과 같습니다. 따라서 계산식에 ( )가 있는 경우 모든 계산보다 우선이 되고 괄호가 여러 개 있는 경우에는 가장 안쪽의 괄호 안부터 계산합니다.

04 다르게 묶어 곱하기 72쪽

① $\frac{7}{10}$, $\frac{7}{10}$

② $\frac{45}{8}\left(=5\frac{5}{8}\right)$, $\frac{45}{8}\left(=5\frac{5}{8}\right)$

③ $\frac{14}{3}\left(=4\frac{2}{3}\right)$, $\frac{14}{3}\left(=4\frac{2}{3}\right)$

④ 25, 25

혼합 계산의 원리 ● 계산 방법 이해

05 다르게 묶어 나누기 73쪽

① $\frac{1}{4}$, 9

② $\frac{63}{50}\left(=1\frac{13}{50}\right)$, $\frac{7}{2}\left(=3\frac{1}{2}\right)$

③ $\frac{3}{4}$, $\frac{75}{4}\left(=18\frac{3}{4}\right)$

④ $\frac{3}{4}$, $\frac{16}{3}\left(=5\frac{1}{3}\right)$

혼합 계산의 원리 ● 계산 방법 이해

06 계산 결과 비교하기 74~75쪽

① $\frac{16}{45}$, $\frac{16}{45}$

② $\frac{43}{32}\left(=1\frac{11}{32}\right)$, $\frac{43}{32}\left(=1\frac{11}{32}\right)$

③ $\frac{5}{8}$, $\frac{5}{8}$

④ $\frac{19}{5}\left(=3\frac{4}{5}\right)$, $\frac{19}{5}\left(=3\frac{4}{5}\right)$

⑤ $\frac{27}{14}\left(=1\frac{13}{14}\right)$, $\frac{27}{14}\left(=1\frac{13}{14}\right)$

⑥ $\frac{9}{5}\left(=1\frac{4}{5}\right)$, $\frac{9}{5}\left(=1\frac{4}{5}\right)$

⑦ $\frac{19}{3}\left(=6\frac{1}{3}\right)$, $\frac{19}{3}\left(=6\frac{1}{3}\right)$

혼합 계산의 성질 ● 분배법칙

분배법칙

분배법칙이란 두 수의 합에 어떤 수를 곱한 것이 각각 곱한 것을 더한 것과 같다는 법칙입니다.

→ $a\times(b+c)=a\times b+a\times c$, $(a+b)\times c=a\times c+b\times c$

교환법칙, 결합법칙과 함께 중등 과정에서 배우지만 초등에서부터 분배법칙의 성질을 경험해 볼 수 있도록 수준을 낮춘 문제로 구성하였습니다.

나누어떨어지는 소수의 나눗셈

소수의 나눗셈에서 가장 중요한 것은 나누는 수를 자연수로 만들어 계산하는 것입니다. (나누어지는 수는 소수여도 계산할 수 있습니다.) 소수의 나눗셈을 분수의 나눗셈으로 고쳐서 계산하는 과정을 통해 같은 자리만큼씩 소수점을 옮겨 계산할 수 있는 원리를 이해하게 하고 몫의 소수점을 찍는 위치에 대해서도 이해하여 답을 쓸 수 있도록 합니다.

01 소수점을 옮겨서 계산하기 78쪽

① 9, 8

② 14, 6

③ 6, 33

④ 25, 2.5

⑤ 4, 7.6

⑥ 124, 10

⑦ 32, 65

⑧ 17, 90

나눗셈의 원리 ● 계산 방법 이해

02 (소수)÷(소수)의 세로셈 79~81쪽

①
```
        × 4
0.8)3.2        ❶ 소수점을 각각 오른쪽으로 한 칸씩 움직여요.
  - 3 2
      0        ❷ 32÷8을 계산해요.
```

②
```
          7
4.5)3 1.5
    3 1 5
        0
```

③
```
          8 5
0.3)2 5.5
    2 4
      1 5
      1 5
        0
```

④
```
        2.3
0.7)1.6 1      몫의 소수점은 옮겨진 소수점과 같은 위치에 찍어요.
    1 4
      2 1
      2 1
        0
```

⑤
```
             9
0.5 8)5.2 2
      5 2 2
          0
```

⑥
```
             6
1.2 6)7.5 6
      7 5 6
          0
```

⑦
```
            2 1
0.2 4)5.0 4
      4 8
        2 4
        2 4
          0
```

⑧
```
        0.1 6
8.2)1.3 1 2
      8 2
      4 9 2
      4 9 2
          0
```

⑨
```
              1 2
3.0 5)3 6.6 0
      3 0 5
        6 1 0
        6 1 0
            0
```

⑩
```
          8 0
0.0 6)4.8 0
      4 8
          0
```

⑪
```
          3 2
2.8)8 9.6
    8 4
      5 6
      5 6
        0
```

⑫
```
            2 1
0.8 5)1 7.8 5
      1 7 0
          8 5
          8 5
            0
```

⑬ 6 / 0.9)5.4 / 54 / 0

⑭ 6 / 5.6)33.6 / 336 / 0

⑮ 7 / 0.5)3.5 / 35 / 0

⑯ 24 / 0.4)9.6 / 8 / 16 / 16 / 0

⑰ 9.2 / 0.2)1.84 / 18 / 4 / 4 / 0

⑱ 13 / 3.5)45.5 / 35 / 105 / 105 / 0

⑲ 8 / 0.38)3.04 / 304 / 0

⑳ 3 / 3.14)9.42 / 942 / 0

㉑ 34 / 0.29)9.86 / 87 / 116 / 116 / 0

㉒ 0.63 / 2.7)1.701 / 162 / 81 / 81 / 0

㉓ 0.8 / 1.68)1.344 / 1344 / 0

㉔ 70 / 0.07)4.90 / 49 / 0

㉕ 9 / 3.2)28.8 / 288 / 0

㉖ 9 / 0.29)2.61 / 261 / 0

㉗ 0.9 / 2.5)2.25 / 225 / 0

㉘ 18 / 0.8)14.4 / 8 / 64 / 64 / 0

㉙ 3 / 4.07)12.21 / 1221 / 0

㉚ 28 / 0.31)8.68 / 62 / 248 / 248 / 0

㉛ 0.46 / 9.2)4.232 / 368 / 552 / 552 / 0

㉜ 0.9 / 1.83)1.647 / 1647 / 0

㉝ 80 / 0.09)7.20 / 72 / 0

㉞ 13 / 1.5)19.5 / 15 / 45 / 45 / 0

㉟ 53 / 0.26)13.78 / 130 / 78 / 78 / 0

㊱ 0.67 / 7.8)5.226 / 468 / 546 / 546 / 0

나눗셈의 원리 ● 계산 방법과 자릿값의 이해

03 (자연수)÷(소수)의 세로셈 82~84쪽

① ×8 / 1.5)12.0 / −120 / 0

❶ 자연수 뒤에 소수점과 0이 있다고 생각하고 소수점을 각각 오른쪽으로 한 칸씩 옮겨요.
❷ 120÷15를 계산해요.

② 14 / 3.5)49.0 / 35 / 140 / 140 / 0

③ 50 / 0.26)13.00 / 130 / 0

④ 5 / 5.6)28.0 / 280 / 0

⑤ 15 / 4.2)63.0 / 42 / 210 / 210 / 0

⑥ 20 / 0.85)17.00 / 170 / 0

⑦ 25 / 3.8)95.0 / 76 / 190 / 190 / 0

⑧ 44 / 6.5)286.0 / 260 / 260 / 260 / 0

⑨ 44 / 1.75)77.00 / 700 / 700 / 700 / 0

⑩ 65 / 1.2)78.0 / 72 / 60 / 60 / 0

⑪ 25 / 0.24)6.00 / 48 / 120 / 120 / 0

⑫ 50 / 0.64)32.00 / 320 / 0

⑬ 20 / 7.4)148.0 / 148 / 0

⑭ 48 / 1.25)60.00 / 500 / 1000 / 1000 / 0

⑮ 4 / 0.25)1.00 / 100 / 0

⑯ 18 / 1.5)27.0 / 15 / 120 / 120 / 0

⑰ 64 / 0.75)48.00 / 450 / 300 / 300 / 0

⑱ 25 / 0.32)8.00 / 64 / 160 / 160 / 0

⑲ 35 / 2.8)98.0 / 84 / 140 / 140 / 0

⑳ 50 / 1.24)62.00 / 620 / 0

㉑ 4 / 1.25)5.00 / 500 / 0

㉒ 15 / 6.2)93.0 / 62 / 310 / 310 / 0

㉓ 25 / 0.52)13.00 / 104 / 260 / 260 / 0

㉔ 25 / 0.36)9.00 / 72 / 180 / 180 / 0

㉕ 15 / 3.4)51.0 / 34 / 170 / 170 / 0

㉖ 50 / 0.84)42.00 / 420 / 0

㉗ 16 / 6.25)100.00 / 625 / 3750 / 3750 / 0

㉘
```
       35
1.8)63.0
    54
     90
     90
      0
```

㉙
```
          50
1.36)68.00
     680
          0
```

㉚
```
             75
5.44)408.00
     3808
      2720
      2720
         0
```

㉛
```
       24
8.5)204.0
    170
     340
     340
       0
```

㉜
```
         12
4.25)51.00
     425
      850
      850
        0
```

㉝
```
            50
2.36)118.00
     1180
           0
```

㉞
```
       32
2.5)80.0
    75
     50
     50
      0
```

㉟
```
         50
0.96)48.00
     480
          0
```

㊱
```
            96
4.75)456.00
     4275
      2850
      2850
         0
```

나눗셈의 원리 ● 계산 방법과 자릿값의 이해

04 가로셈

85~88쪽

① 12.96÷3.6
```
      × 3.6
3.6)12.96
  - 108
     216
   - 216
       0
```
몫의 소수점은 옮겨진 소수점과 같은 위치에 찍어요.

세로셈으로 나타내어 나누어떨어질 때까지 계산해요.

② 78.4÷5.6
```
      14
5.6)78.4
    56
    224
    224
      0
```

③ 0.344÷0.8
```
     0.43
0.8)0.344
     32
      24
      24
       0
```

④ 26.7÷8.9
```
       3
8.9)26.7
    267
      0
```

⑤ 0.42÷0.06
```
         7
0.06)0.42
        42
         0
```

⑥ 3.36÷0.42
```
         8
0.42)3.36
       336
         0
```

⑦ 13.14÷2.19
```
           6
2.19)13.14
     1314
        0
```

⑧ 0.612÷0.68
```
       0.9
0.68)0.612
       612
         0
```

⑨ 47.45÷6.5
```
       7.3
6.5)47.45
    455
     195
     195
       0
```

⑩ 71.76÷3.12
```
          23
3.12)71.76
     624
      936
      936
        0
```

⑪ 20.3÷4.06
```
            5
4.06)20.30
     2030
        0
```

⑫ 0.26÷0.5
```
     0.52
0.5)0.260
      25
       10
       10
        0
```

⑬ 7.2÷0.8
```
      9
0.8)7.2
    72
     0
```

⑭ 1.04÷0.26
```
         4
0.26)1.04
      104
        0
```

⑮ 2.4÷0.08
```
         30
0.08)2.40
        24
         0
```

⑯ 5.98÷0.46
```
          13
0.46)5.98
     46
     138
     138
       0
```

⑰ 16.32÷6.8
```
       2.4
6.8)16.32
    136
     272
     272
       0
```

⑱ 35.1÷2.7
```
       13
2.7)35.1
    27
     81
     81
      0
```

⑲ 0.18÷0.4
```
     0.45
0.4)0.180
     16
      20
      20
       0
```

⑳ 3.12÷0.12
```
         26
0.12)3.12
      24
       72
       72
        0
```

㉑ 43.71÷9.3
```
       4.7
9.3)43.71
    372
     651
     651
       0
```

㉒ 3.78÷0.21
```
         18
0.21)3.78
      21
      168
      168
        0
```

㉓ 67.58÷2.18
```
          31
2.18)67.58
     654
      218
      218
        0
```

㉔ 48.4÷6.05
```
            8
6.05)48.40
     4840
        0
```

㉕ 29÷1.45
```
          20
1.45)29.00
     290
         0
```

㉖ 21÷1.75
```
          12
1.75)21.00
     175
      350
      350
        0
```

㉗ 58÷2.32
```
          25
2.32)58.00
     464
     1160
     1160
        0
```

㉘ 96÷6.4
```
       15
6.4)96.0
    64
    320
    320
      0
```

㉙ 88÷3.52
```
          25
3.52)88.00
     704
     1760
     1760
        0
```

㉚ 18÷4.5
```
        4
4.5)18.0
    180
      0
```

㉛ 312÷7.8
```
        40
7.8)312.0
    312
       0
```

㉜ 57÷1.14
```
          50
1.14)57.00
     570
         0
```

㉝ 78÷6.5
```
       12
6.5)78.0
    65
    130
    130
      0
```

㉞ 21÷3.5
```
        6
3.5)21.0
    210
      0
```

㉟ 12÷0.24
```
          50
0.24)12.00
      120
         0
```

㊱ 189÷5.4
```
        35
5.4)189.0
    162
     270
     270
       0
```

㊲ 312÷4.8
```
        65
4.8)312.0
    288
     240
     240
       0
```

㊳ 492÷8.2
```
        60
8.2)492.0
    492
       0
```

㊴ 99÷2.75
```
          36
2.75)99.00
     825
     1650
     1650
        0
```

㊵ 70÷8.75
```
           8
8.75)70.00
     7000
        0
```

㊶ 102÷3.4
```
        30
3.4)102.0
    102
      0
```

㊷ 36÷2.4
```
       15
2.4)36.0
    24
    120
    120
      0
```

㊸ 296÷7.4

$$7.4\overline{)296.0} = 40$$
296
0

㊹ 83÷3.32

$$3.32\overline{)83.00} = 25$$
664
1660
1660
0

㊺ 69÷1.15

$$1.15\overline{)69.00} = 60$$
690
0

㊻ 99÷2.25

$$2.25\overline{)99.00} = 44$$
900
900
900
0

㊼ 116÷5.8

$$5.8\overline{)116.0} = 20$$
116
0

㊽ 53÷2.12

$$2.12\overline{)53.00} = 25$$
424
1060
1060
0

나눗셈의 원리 ● 계산 방법과 자릿값의 이해

05 여러 가지 수로 나누기 89~90쪽

① 7, 70, 700
② 9, 90, 900
③ 6, 60, 600
④ 4, 40, 400
⑤ 6, 60, 600
⑥ 0.6, 6, 60
⑦ 6, 60, 600
⑧ 1.4, 14, 140
⑨ 80, 8, 0.8
⑩ 900, 90, 9
⑪ 20, 2, 0.2
⑫ 520, 52, 5.2
⑬ 35, 3.5, 0.35
⑭ 3700, 370, 37
⑮ 160, 16, 1.6
⑯ 240, 24, 2.4

나눗셈의 원리 ● 계산 원리 이해

06 정해진 수로 나누기 91~92쪽

① 0.8, 8, 80
② 0.7, 7, 70
③ 0.4, 4, 40
④ 0.7, 7, 70
⑤ 4.9, 49, 490
⑥ 0.8, 8, 80
⑦ 0.6, 6, 60
⑧ 2.6, 26, 260
⑨ 50, 5, 0.5
⑩ 90, 9, 0.9
⑪ 700, 70, 7
⑫ 523, 52.3, 5.23
⑬ 175, 17.5, 1.75
⑭ 40, 4, 0.4
⑮ 83, 8.3, 0.83
⑯ 36, 3.6, 0.36

나눗셈의 원리 ● 계산 원리 이해

07 검산하기 93~94쪽

① $0.3\overline{)3.6} = 12$ (3, 6, 6, 0) → 12 몫에 × 0.3 나누는 수를 곱해서 = 3.6 나누어지는 수가 되었으므로 ↓ 나눗셈을 바르게 한 거예요.

② $0.9\overline{)13.5} = 15$ (9, 45, 45, 0) → 15 × 0.9 = 13.5

③ $1.4\overline{)11.2} = 8$ (112, 0) → 8 × 1.4 = 11.2

④ $2.5\overline{)22.5} = 9$ (225, 0) → 9 × 2.5 = 22.5

⑤ $3.08\overline{)12.32} = 4$ (1232, 0) → 4 × 3.08 = 12.32

⑥ $4.5\overline{)180} = 4$ (180, 0) → 4 × 4.5 = 18

⑦ $8.3\overline{)4.067} = 0.49$ (332, 747, 747, 0) → 0.49 × 8.3 = 4.067

⑧ $71.2\overline{)356} = 5$ (3560, 0) → 5 × 71.2 = 356

⑨ $0.6\overline{)9.6} = 16$ (6, 36, 36, 0) → 16 × 0.6 = 9.6

⑩ $0.7\overline{)16.1} = 23$ (14, 21, 21, 0) → 23 × 0.7 = 16.1

⑪ $7.2\overline{)50.4} = 7$ (504, 0) → 7 × 7.2 = 50.4

⑫ $0.82\overline{)2.46} = 3$ (246, 0) → 3 × 0.82 = 2.46

⑬ $2.3\overline{)158.7} = 69$ (138, 207, 207, 0) → 69 × 2.3 = 158.7

⑭ $15.6\overline{)78} = 5$ (780, 0) → 5 × 15.6 = 78

⑮ $0.18\overline{)45} = 250$ (36, 90, 90, 0) → 250 × 0.18 = 45

⑯ $4.1\overline{)3.444} = 0.84$ (328, 164, 164, 0) → 0.84 × 4.1 = 3.444

나눗셈의 원리 ● 계산 원리 이해

검산

계산 결과가 옳은지 그른지를 검사하는 계산으로 계산 실수를 줄일 수 있는 가장 좋은 방법입니다. 또한, 검산은 앞서 계산한 것과 다른 방법을 사용해야 하기 때문에 문제 푸는 방법을 다양한 방법으로 생각해 보게 하는 효과도 얻을 수 있습니다.

08 모르는 수 구하기 95쪽

① 7 ② 5
③ 12 ④ 1.3
⑤ 1.18 ⑥ 56
⑦ 0.74 ⑧ 1.38
⑨ 84 ⑩ 25
⑪ 35 ⑫ 3.7

나눗셈의 원리 ● 계산 방법 이해

09 나눗셈식 완성하기 96~97쪽

① 12, 5.16 ② 25, 1.75
③ 2.7, 51.3 ④ 0.5, 25.3
⑤ 16, 5.488 ⑥ 0.8, 53.6
⑦ 9, 1.431 ⑧ 0.7, 15.68
⑨ 0.3, 14.7 ⑩ 160, 6.512
⑪ 8, 0.36 ⑫ 7, 0.45
⑬ 9, 4.8 ⑭ 43, 2.1
⑮ 5.8, 0.83 ⑯ 39, 10.9
⑰ 0.4, 0.463 ⑱ 5.1, 72
⑲ 0.9, 0.0159 ⑳ 18, 514

나눗셈의 원리 ● 계산 원리 이해

7 나머지가 있는 소수의 나눗셈

나머지가 있는 소수의 나눗셈에서 자연수의 나눗셈과 같은 방법으로 몫과 나머지를 구한 다음 나누는 수가 나머지보다 큰지 반드시 확인하게 해 주세요. 또한 몫의 소수점의 위치와 나머지의 소수점의 위치가 다른 이유를 이해하게 하여 답을 쓸 때 실수하지 않도록 지도해 주세요.

01 곱을 이용하여 몫 어림하기 100~101쪽

① 60 / 4 ⋯ 0.4 ② 45 / 5 ⋯ 0.1
③ 49 / 7 ⋯ 0.4 ④ 63 / 7 ⋯ 0.4
⑤ 108 / 9 ⋯ 0.4 ⑥ 130 / 5 ⋯ 0.7
⑦ 344 / 8 ⋯ 1.8 ⑧ 234 / 6 ⋯ 0.9
⑨ 288 / 6 ⋯ 0.4 ⑩ 595 / 7 ⋯ 0.7
⑪ 104 / 8 ⋯ 0.12 ⑫ 240 / 5 ⋯ 0.23
⑬ 108 / 2 ⋯ 0.13 ⑭ 552 / 3 ⋯ 0.67
⑮ 620 / 5 ⋯ 0.2 ⑯ 1880 / 8 ⋯ 1.6

나눗셈의 원리 ● 계산 방법 이해

02 세로셈 102~104쪽

①
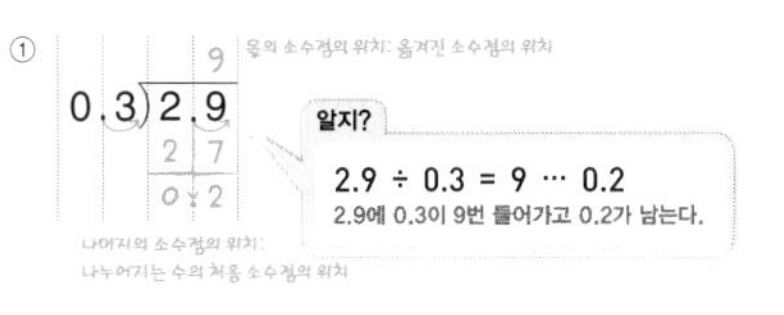

②
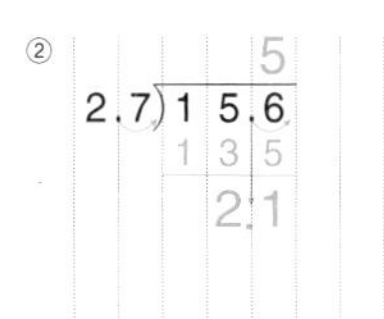

③
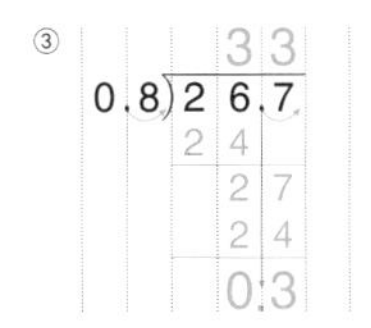

④
5 2
0.6)3 1.3
3 0
1 3
1 2
0.1

⑤
6
0.6 4)4.1 2
3 8 4
0.2 8

⑥
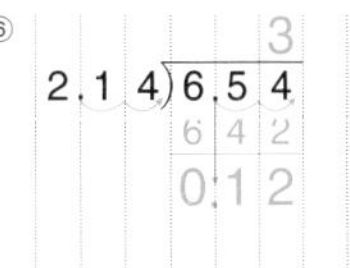

⑦
1 8
0.3 6)6.6 9
3 6
3 0 9
2 8 8
0.2 1

⑧
5 8
0.2 1)1 2.3 0
1 0 5
1 8 0
1 6 8
0.1 2

⑨
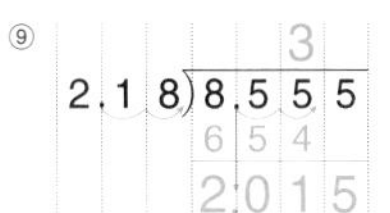

⑩
5
3.9)2 1.7 7
1 9 5
2.2 7

⑪
1 5
1.3)2 0.0
1 3
7 0
6 5
0.5

⑫
27
3.14)85.00
628
2220
2198
0.22

⑬
5
0.6)3.5
30
0.5

⑭
5
2.9)14.8
145
0.3

⑮
25
0.8)20.4
16
44
40
0.4

⑯
56
0.2)11.3
10
13
12
0.1

⑰
2
0.58)1.68
116
0.52

⑱
3
2.07)7.29
621
1.08

⑲
10
0.84)9.15
84
0.75

⑳
12
0.65)8.20
65
170
130
0.40

㉑
8
9.4)82.15
752
6.95

㉒
13
4.8)63.0
48
150
144
0.6

㉓
28
2.64)74.00
528
2120
2112
0.08

㉔
2
1.2)3.1
24
0.7

㉕
5
3.8)19.1
190
0.1

㉖
205
0.4)82.1
8
21
20
0.1

㉗
20
0.9)18.3
18
0.3

㉘
4
0.21)0.87
84
0.03

㉙
5
1.25)7.24
625
0.99

㉚
18
0.46)8.58
46
398
368
0.30

㉛
8
0.93)8.20
744
0.76

㉜
7
0.74)5.789
518
0.609

㉝
3
4.3)13.08
129
0.18

㉞
14
6.2)89.0
62
270
248
2.2

㉟
8
5.07)44.00
4056
3.44

03 가로셈 105~107쪽

① 3.1÷0.6
5
0.6)3.1
30
0.1
숫자는 줄과 줄 사이에 쓰고 소수점은 세로줄 위에 찍어요.

② 24.67÷6.1
4
6.1)24.67
244
0.27

③ 254÷60.5
4
60.5)254.0
2420
12.0

④ 45.5÷7.9
5
7.9)45.5
395
6.0

⑤ 90.24÷24.3
3
24.3)90.24
729
17.34

⑥ 10.5÷3.12
3
3.12)10.50
936
1.14

⑦ 7.519÷1.6
4
1.6)7.519
64
1.119

⑧ 0.721÷0.13
5
0.13)0.721
65
0.071

⑨ 30.96÷6.9
4
6.9)30.96
276
3.36

⑩ 3.09÷0.7
4
0.7)3.09
28
0.29

⑪ 3.21÷0.64
5
0.64)3.21
320
0.01

⑫ 30.91÷8.4
3
8.4)30.91
252
5.71

⑬ 102÷34.5
2
34.5)102.0
690
33.0

⑭ 36÷17.9
2
17.9)36.0
358
0.2

⑮ 20.3÷6.4
3
6.4)20.3
192
1.1

⑯ 5.14÷0.38
13
0.38)5.14
38
134
114
0.20

⑰ 1.07÷0.03
35
0.03)1.07
9
17
15
0.02

⑱ 207.3÷5.2
39
5.2)207.3
156
513
468
4.5

⑲ 5.85÷0.8

⑳ 3.22÷0.39

㉑ 0.25÷0.09

㉒ 28.24÷2.5

㉓ 56.49÷4.6

㉔ 62.1÷6.27

㉕ 57.17÷2.18

㉖ 162.1÷12.4

㉗ 156÷6.2

나눗셈의 원리 ● 계산 방법과 자릿값의 이해

04 몫과 나머지 알아보기

③ 9)205 → 22, 18, 25, 18, 7
0.9)20.5 → 22, 18, 25, 18, 0.7
0.09)2.05 → 22, 18, 25, 18, 0.07

④ 13)324 → 24, 26, 64, 52, 12
1.3)32.4 → 24, 26, 64, 52, 1.2
0.13)3.24 → 24, 26, 64, 52, 0.12

⑤ 2)19 → 9, 18, 1
0.2)1.9 → 9, 18, 0.1
0.02)0.19 → 9, 18, 0.01

⑥ 14)38 → 2, 28, 10
1.4)3.8 → 2, 28, 1.0
0.14)0.38 → 2, 28, 0.10

⑦ 35)517 → 14, 35, 167, 140, 27
3.5)51.7 → 14, 35, 167, 140, 2.7
0.35)5.17 → 14, 35, 167, 140, 0.27

⑧ 261)915 → 3, 783, 132
26.1)91.5 → 3, 783, 13.2
2.61)9.15 → 3, 783, 1.32

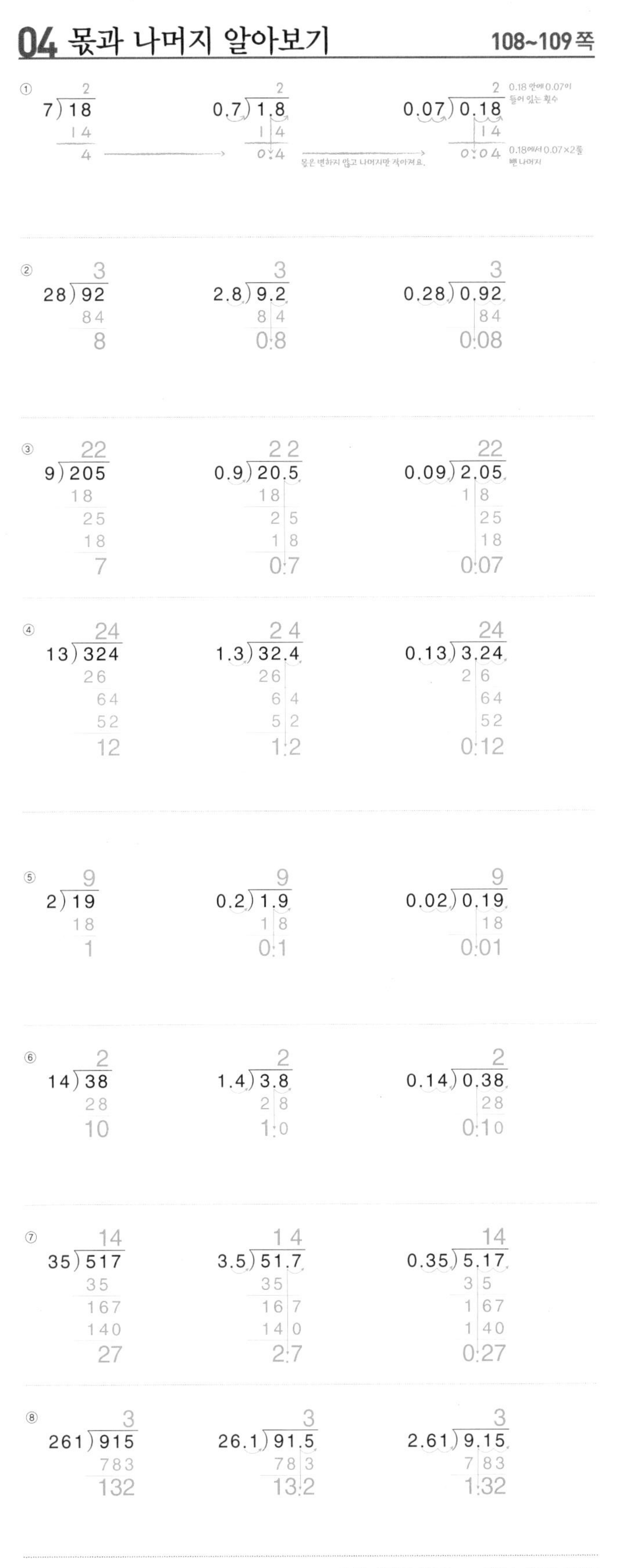

나눗셈의 원리 ● 계산 원리 이해

05 검산하기 110~111쪽

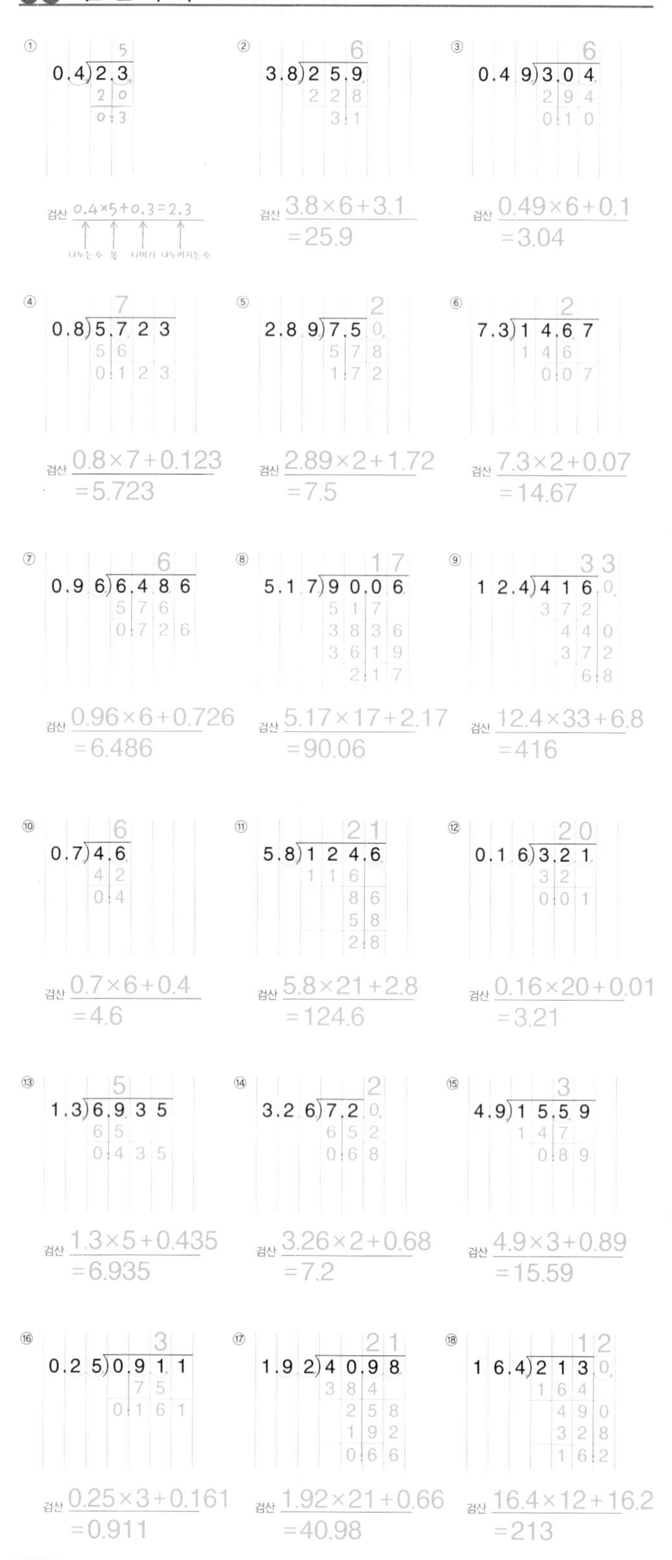

나눗셈의 원리 ● 계산 원리 이해

06 반올림하여 몫 구하기 112~113쪽

① 4.9	② 82.8	③ 17.6
④ 4.3	⑤ 3.4	⑥ 12.7
⑦ 6.2	⑧ 4.1	⑨ 10.7
⑩ 2.6	⑪ 17.5	⑫ 4.5
⑬ 21.9	⑭ 19.3	⑮ 12.9
⑯ 19.7	⑰ 11.1	⑱ 13.6

나눗셈의 원리 ● 계산 방법 이해

07 몫에 규칙이 있는 계산 114~115쪽

① 5	② 3	③ 2
④ 3	⑤ 3	⑥ 6
⑦ 7	⑧ 1	⑨ 1
⑩ 5	⑪ 1	⑫ 7

나눗셈의 활용 ● 적용

8 소수의 혼합 계산

소수의 혼합 계산은 자연수의 혼합 계산과 마찬가지로 ×, ÷을 먼저, +, −을 나중에 계산합니다. 이때 소수의 덧셈, 뺄셈, 곱셈, 나눗셈에 따라 결과의 소수점을 찍는 위치가 다르므로 계산 과정에서 실수하지 않도록 소수의 계산 방법을 명확히 알게 해 주세요. 소수의 계산은 자연수의 계산보다 복잡하고 어렵게 느끼므로 반드시 계산 전에 순서를 먼저 표시해 둘 수 있도록 지도합니다.

01 계산 순서를 표시하고 계산하기(1) 118~119쪽

① 1.5×4÷1.2=6÷1.2=5

곱셈과 나눗셈이 섞여 있는 식은 앞에서부터 차례로 계산해요.

② (4.5+1.5)×0.5=3

괄호가 있는 식은 괄호 안부터 계산해요.

③ 4.9÷0.7×0.8=5.6

④ 1.2×(0.9÷1.8)=0.6

⑤ 0.5×(2.8+4.6)=3.7

⑥ 1.9÷(5.2−1.4)=0.5

⑦ (7.82−1.02)÷0.4=17

⑧ (14.3+7.1)×0.2=4.28

⑨ 0.08÷(3.04−2.84)=0.4

⑩ 3.1−5.2×0.5=0.5

⑪ 2.8÷3.5×0.3=0.24

⑫ (14.7+10.5)÷0.6=42

⑬ 2.75+0.3×0.5=2.9

⑭ 0.5×(8.01−2.57)=2.72

⑮ 0.6×0.5+1.2÷0.4=3.3

⑯ 10×1.23−0.4×0.5=12.1

혼합 계산의 성질 ● 계산 순서

02 계산 순서를 표시하고 계산하기(2) 120~123쪽

계산 과정을 스스로 정리하여 쓰는 연습을 해요.

① 2.4÷0.6×1.2=4.8

0.6)2.4 → 4, 24, 0 → 4×1.2=4.8

② 0.95×0.4÷0.2=1.9

0.95×0.4=0.380 → 0.2)0.38 = 1.9

③ 1.4×1.2+2.62=4.3

1.4×1.2=1.68 → 1.68+2.62=4.30

④ 6.2−2.7÷4.5=5.6

4.5)2.70=0.6 → 6.2−0.6=5.6

⑤ 8.96÷1.6−0.97=4.63

1.6)8.96=5.6 → 5.6−0.97=4.63

⑥ 10÷0.4÷2.5=10

0.4)10.0=25 → 2.5)25.0=10

⑦ 6.2×0.3−0.72=1.14

6.2×0.3=1.86 → 1.86−0.72=1.14

⑧ 4.5+8.84÷1.7=9.7

1.7)8.84=5.2 → 4.5+5.2=9.7

⑨ 49.61÷4.1−6.52=5.58

4.1)49.61=12.1 → 12.1−6.52=5.58

⑩ 6.2×0.4−0.9×1.9=0.77

6.2×0.4=2.48, 0.9×1.9=1.71 → 2.48−1.71=0.77

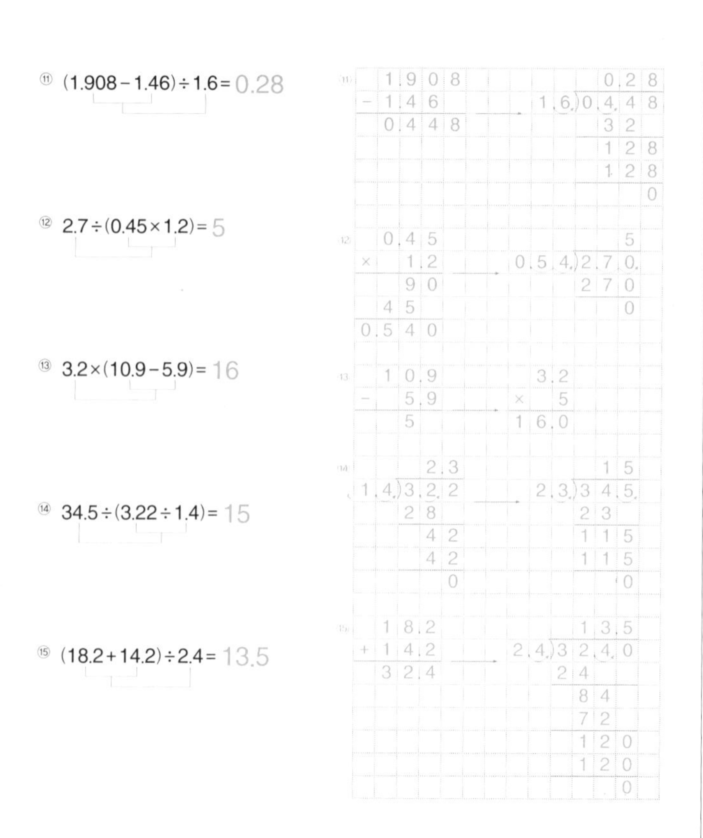

⑪ $(1.908-1.46)\div1.6=$ 0.28

⑫ $2.7\div(0.45\times1.2)=$ 5

⑬ $3.2\times(10.9-5.9)=$ 16

⑭ $34.5\div(3.22\div1.4)=$ 15

⑮ $(18.2+14.2)\div2.4=$ 13.5

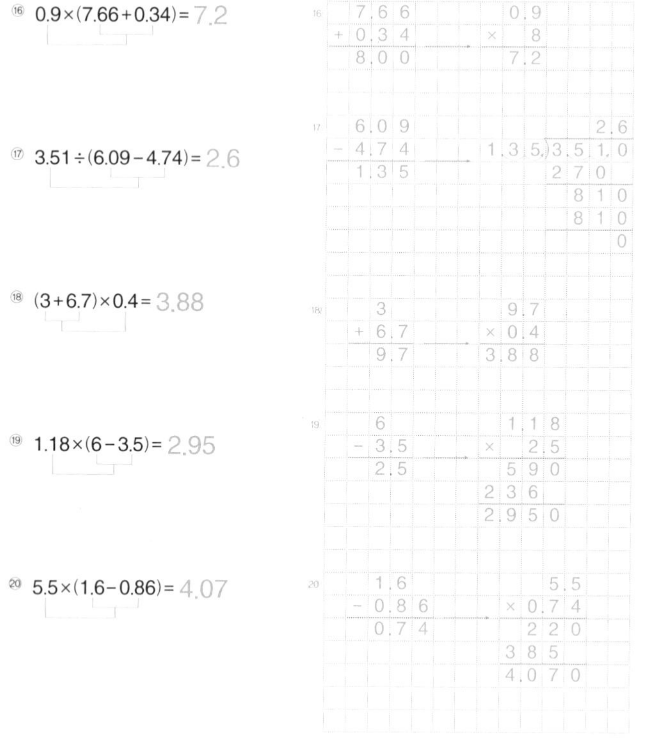

⑯ $0.9\times(7.66+0.34)=$ 7.2

⑰ $3.51\div(6.09-4.74)=$ 2.6

⑱ $(3+6.7)\times0.4=$ 3.88

⑲ $1.18\times(6-3.5)=$ 2.95

⑳ $5.5\times(1.6-0.86)=$ 4.07

혼합 계산의 성질 ● 계산 순서

03 계산하지 않고 크기 비교하기 124~125쪽

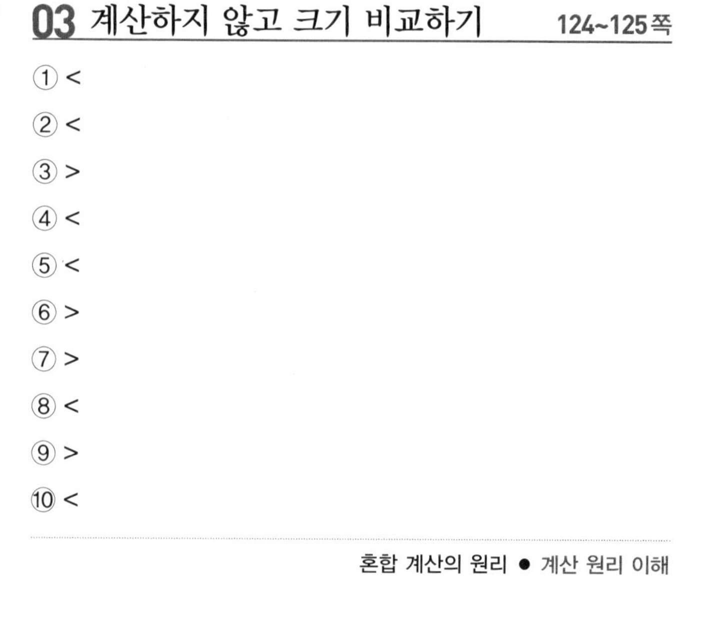

① <

② <

③ >

④ <

⑤ <

⑥ >

⑦ >

⑧ <

⑨ >

⑩ <

혼합 계산의 원리 ● 계산 원리 이해

04 거꾸로 계산하기 126~127쪽

① □ → −6.9 → +1.8 → 6.3

+6.9 ← −1.8

□ = 6.3−1.8+6.9=11.4

② □ → +5.42 → −4.5 → 2

−5.42 ← +4.5

□ = 2+4.5−5.42=1.08

③ □ → −1.84 → +1.34 → −2.5 → 1.2

+1.84 ← −1.34 ← +2.5

□ = 1.2+2.5−1.34+1.84
=4.2

④ □ → +1.02 → −7.17 → +0.2 → 4.85

−1.02 ← +7.17 ← −0.2

□ = 4.85−0.2+7.17−1.02
=10.8

⑤ □ → ÷7.6 → ×6.4 → 5.76

×7.6 ← ÷6.4

□ = 5.76÷6.4×7.6=6.84

혼합 계산의 원리 ● 계산 방법 이해

05 모양이 나타내는 수 알아보기 128쪽

① 0.5, 0.8
② 0.9, 1.17
③ 0.6, 1.26
④ 0.08, 30
⑤ 0.07, 40
⑥ 0.4, 2.5
⑦ 1.1, 2.2
⑧ 1.2, 0.4

혼합 계산의 감각 ● 수의 조작

06 연산 기호 넣기 129쪽

① −, ×
② ÷, +
③ ×, ÷
④ ÷, −
⑤ ÷, −
⑥ ×, +
⑦ +, ×
⑧ −, ÷
⑨ ×, +
⑩ ÷, +

혼합 계산의 감각 ● 수의 조작

수 감각

수 감각은 수와 계산에 대한 직관적인 느낌으로 다양한 방법으로 수학 문제를 해결할 수 있도록 도와줍니다. 따라서 초중고 전체의 수학 학습에 큰 영향을 주지만 그 감각을 기를 수 있는 충분한 훈련은 초등 단계에서 이루어져야 합니다. 하나의 연산을 다양한 각도에서 바라보고, 수 조작력을 발휘하여 수 감각을 기를 수 있도록 지도해 주세요.

9 간단한 자연수의 비로 나타내기

큰 수 또는 분수, 소수로 나타낸 비를 간단한 자연수의 비로 나타내는 학습입니다. 간단한 자연수의 비로 나타내었을 때 두 수를 보다 쉽게 비교할 수 있음을 알려 주시고, '비의 성질(비의 전항과 후항에 0이 아닌 같은 수를 곱하거나 나누어도 비율은 같다)'을 이용하여 나타낼 수 있도록 지도해 주세요. 이때, 자연수, 분수, 소수의 곱셈과 나눗셈을 능숙하게 할 수 있어야 하므로 부족한 부분은 계산 훈련을 보충해야 합니다.

01 전항과 후항에 같은 수를 곱하기 132쪽

① 3, 9, 24
② 2, 14, 2
③ 5, 20, 25
④ 4, 40, 36
⑤ 2, 10, 26
⑥ 5, 35, 30
⑦ 3, 6, 21
⑧ 6, 48, 6
⑨ 3, 42, 45
⑩ 4, 100, 124

비의 성질 ● 계산 원리 이해

02 전항과 후항을 같은 수로 나누기 133쪽

① 4, 4, 3
② 3, 11, 3
③ 8, 1, 9
④ 5, 3, 16
⑤ 2, 13, 7
⑥ 5, 1, 20
⑦ 7, 7, 2
⑧ 9, 3, 5
⑨ 6, 5, 17
⑩ 6, 10, 3

비의 성질 ● 계산 원리 이해

03 자연수의 비를 간단히 나타내기 134~135쪽

① 2 : 1
② 3 : 2
③ 1 : 2
④ 11 : 4
⑤ 3 : 4
⑥ 2 : 1
⑦ 1 : 4
⑧ 10 : 9
⑨ 13 : 5
⑩ 5 : 8
⑪ 7 : 10
⑫ 11 : 50
⑬ 3 : 2
⑭ 1 : 11
⑮ 2 : 3
⑯ 7 : 3
⑰ 6 : 1
⑱ 2 : 3
⑲ 14 : 5
⑳ 9 : 13
㉑ 2 : 5
㉒ 17 : 10
㉓ 1 : 30
㉔ 15 : 1
㉕ 2 : 7
㉖ 21 : 2
㉗ 3 : 4
㉘ 4 : 3

비의 원리 ● 계산 방법 이해

04 소수의 비를 간단히 나타내기 136~137쪽

① 8 : 9
② 7 : 5
③ 5 : 14
④ 16 : 9
⑤ 101 : 2
⑥ 13 : 133
⑦ 25 : 33
⑧ 41 : 12
⑨ 5 : 12
⑩ 34 : 3
⑪ 11 : 40
⑫ 120 : 7
⑬ 203 : 30
⑭ 1 : 3
⑮ 4 : 1
⑯ 4 : 1
⑰ 1 : 2
⑱ 8 : 5
⑲ 32 : 3
⑳ 5 : 2
㉑ 3 : 8
㉒ 1 : 18
㉓ 1 : 29
㉔ 1 : 5
㉕ 2 : 1
㉖ 9 : 20
㉗ 70 : 3

비의 원리 ● 계산 방법 이해

05 분수의 비를 간단히 나타내기 138~139쪽

① 1 : 3
② 4 : 1
③ 5 : 1
④ 3 : 5
⑤ 6 : 13
⑥ 1 : 3
⑦ 5 : 1
⑧ 1 : 4
⑨ 5 : 3
⑩ 8 : 7
⑪ 6 : 5
⑫ 11 : 12
⑬ 4 : 3
⑭ 8 : 7
⑮ 6 : 5
⑯ 3 : 20
⑰ 21 : 4
⑱ 9 : 4
⑲ 7 : 15
⑳ 3 : 5
㉑ 8 : 1
㉒ 1 : 6
㉓ 8 : 15
㉔ 2 : 3

비의 원리 ● 계산 방법 이해

06 분수와 소수의 비를 간단히 나타내기 140~141쪽

① 1 : 2
② 1 : 3
③ 5 : 3
④ 3 : 2
⑤ 5 : 28
⑥ 9 : 5
⑦ 1 : 30
⑧ 12 : 5
⑨ 14 : 3
⑩ 1 : 15
⑪ 21 : 55
⑫ 2 : 17
⑬ 14 : 15
⑭ 13 : 9
⑮ 21 : 26
⑯ 11 : 9
⑰ 3 : 5
⑱ 35 : 39
⑲ 21 : 4
⑳ 3 : 5
㉑ 8 : 25
㉒ 25 : 31
㉓ 51 : 50

비의 원리 ● 계산 방법 이해

07 비율이 같은 비 구하기 142~143쪽

① 3, 6, 9, 12
② 2, 4, 6, 8
③ 8, 16, 24, 32
④ 9, 18, 27, 36
⑤ 3, 6, 9, 12
⑥ 17, 34, 51, 68
⑦ 5, 10, 15, 20
⑧ 3, 6, 9, 12
⑨ 4, 20, 100, 200
⑩ 4, 8, 12, 16
⑪ 20, 40, 60, 80
⑫ 1, 25, 50, 100

비의 원리 ● 계산 원리 이해

10 비례식

이번 단원에서는 비례식에 대한 개념을 익히고 비례식을 푸는 학습을 합니다. 비례식을 풀 때는 앞에서 배운 비의 성질도 함께 이용하게 됩니다. 먼저 비례식이 무엇인지 명확히 이해한 다음 비의 성질 또는 비례식의 성질을 이용하여 비례식의 모르는 수를 구할 수 있도록 지도해 주세요. 비례식은 중등에서 닮음비의 개념으로 연결되고 일상 생활 속에서도 자주 활용하는 개념이므로 완벽하게 숙지할 수 있도록 합니다.

01 비례식 찾기 146~147쪽

① $\frac{3}{4}$, $\frac{3}{4}$ / ○
② $\frac{5}{12}$, $\frac{1}{3}$ / ×
③ $\frac{5}{7}$, $\frac{5}{7}$ / ○
④ $\frac{5}{8}$, $\frac{5}{8}$ / ○
⑤ $\frac{3}{13}$, $\frac{8}{13}$ / ×
⑥ $\frac{3}{11}$, $\frac{2}{11}$ / ×
⑦ $\frac{7}{9}$, $\frac{7}{8}$ / ×
⑧ $\frac{4}{5}$, $\frac{4}{5}$ / ○
⑨ 2, 2 / ○
⑩ $\frac{5}{3}\left(=1\frac{2}{3}\right)$, 1 / ×
⑪ $\frac{16}{5}\left(=3\frac{1}{5}\right)$, 3 / ×
⑫ $\frac{7}{10}$, $\frac{7}{10}$ / ○
⑬ $\frac{8}{3}\left(=2\frac{2}{3}\right)$, $\frac{16}{7}\left(=2\frac{2}{7}\right)$ / ×
⑭ $\frac{5}{2}\left(=2\frac{1}{2}\right)$, $\frac{5}{2}\left(=2\frac{1}{2}\right)$ / ○
⑮ $\frac{3}{2}\left(=1\frac{1}{2}\right)$, $\frac{3}{2}\left(=1\frac{1}{2}\right)$ / ○

비례식의 성질 ● 계산 원리 이해

02 비의 성질 이용하기 148쪽

① 2, 2 / 2, 2
② 3, 3 / 3, 3
③ 4, 4 / 4, 4
④ 5, 5 / 5, 5
⑤ 10, 10 / 10, 10
⑥ 8, 8 / 8, 8
⑦ 6, 6 / 6, 6
⑧ 7, 7 / 7, 7

비례식의 성질 ● 계산 원리 이해

03 비의 성질을 이용하여 구하기 149~150쪽

① 35 ② 28
③ 45 ④ 30
⑤ 44 ⑥ 56
⑦ 18 ⑧ 80
⑨ 10 ⑩ 55
⑪ 20 ⑫ 12
⑬ 30 ⑭ 63
⑮ 48 ⑯ 32
⑰ 7 ⑱ 14
⑲ 5 ⑳ 8
㉑ 36 ㉒ 3
㉓ 7 ㉔ 13
㉕ 8 ㉖ 5
㉗ 3 ㉘ 3
㉙ 4 ㉚ 1
㉛ 5 ㉜ 6

비례식의 성질 ● 계산 방법 이해

04 비례식의 성질 이용하기 151쪽

① 15, 15 ② 24, 24
③ 30, 30 ④ 32, 32
⑤ 100, 100 ⑥ 150, 150
⑦ 126, 126 ⑧ 144, 144

비례식의 성질 ● 계산 원리 이해

05 비례식의 성질을 이용하여 구하기 152~153쪽

① 6, 48, 48, 24 ② 20, 140, 140, 2
③ 27, 54, 54, 6 ④ 2, 70, 70, 5
⑤ 6, 300, 300, 20 ⑥ 30, 240, 240, 20
⑦ 8, 24, 24, 4 ⑧ 4, 84, 84, 12
⑨ 35, 210, 210, 42 ⑩ 12, 144, 144, 48
⑪ 14, 126, 126, 6

비례식의 성질 ● 계산 방법 이해

06 비례식에서 모르는 수 구하기 154~157쪽

① 3 ② 1
③ 8 ④ 12
⑤ 5 ⑥ 13
⑦ 32 ⑧ 5
⑨ 8 ⑩ 15
⑪ 12 ⑫ 5
⑬ 2 ⑭ 3
⑮ 10 ⑯ 10
⑰ 70 ⑱ 2
⑲ 36 ⑳ 20
㉑ 15 ㉒ 11
㉓ 65 ㉔ 15

① $\frac{3}{7}$ ② 2
③ 3 ④ $\frac{2}{5}$
⑤ $\frac{5}{9}$ ⑥ $\frac{3}{2}\left(=1\frac{1}{2}\right)$
⑦ $\frac{2}{3}$ ⑧ 3
⑨ $\frac{8}{3}\left(=2\frac{2}{3}\right)$ ⑩ $\frac{3}{2}\left(=1\frac{1}{2}\right)$
⑪ 6 ⑫ $\frac{9}{2}\left(=2\frac{1}{4}\right)$

① 1.5 ② 3
③ 2 ④ 4.2
⑤ 2.5 ⑥ 1.5
⑦ 22.5 ⑧ 5
⑨ 7 ⑩ 3.5
⑪ 5 ⑫ 3

비례식의 성질 ● 계산 방법 이해

07 재료의 양 구하기 158~159쪽

① 40 g, 50 g, 100 g ② 10 g, 20 g, 30 g
③ 250 g, 300 g, 375 g ④ 60 g, 75 g, 90 g
⑤ 10 g, 12.5 g, 27.5 g ⑥ 10.8 g, 13.2 g, 20 g
⑦ 8 mL, 16 mL, 24 mL ⑧ 12 mL, 24 mL, 28 mL
⑨ 16 mL, 26 mL, 34 mL ⑩ 30 mL, 45 mL, 300 mL
⑪ 14.4 mL, 18 mL, 21.6 mL
⑫ 7.5 mL, 11.25 mL, 15 mL

비례식의 활용 ● 적용

11 비례배분

어떤 양을 주어진 비로 나누는 학습입니다. 실제 생활 속에서 자주 등장하는 상황이지만 '비례배분'이라는 용어를 어렵게 느낄 수 있으니, 1000원을 1 : 1로 나누어 갖거나 2 : 3으로 나누어 갖기 등 일상적인 예시를 통해 이해를 도와주세요. 비례배분을 계산하는 데 중요한 과정은 주어진 비를 분수의 비로 나타내는 것입니다. 이 과정은 전체와 부분의 개념이 명확해야 이해할 수 있으므로, 먼저 그림을 사용하여 설명한 후에 능숙하게 계산할 수 있도록 지도해 주세요. 비례배분을 한 후에는 결과의 합이 전체와 같은지 확인하여 실수를 줄이도록 합니다.

01 구슬 나누기 162쪽

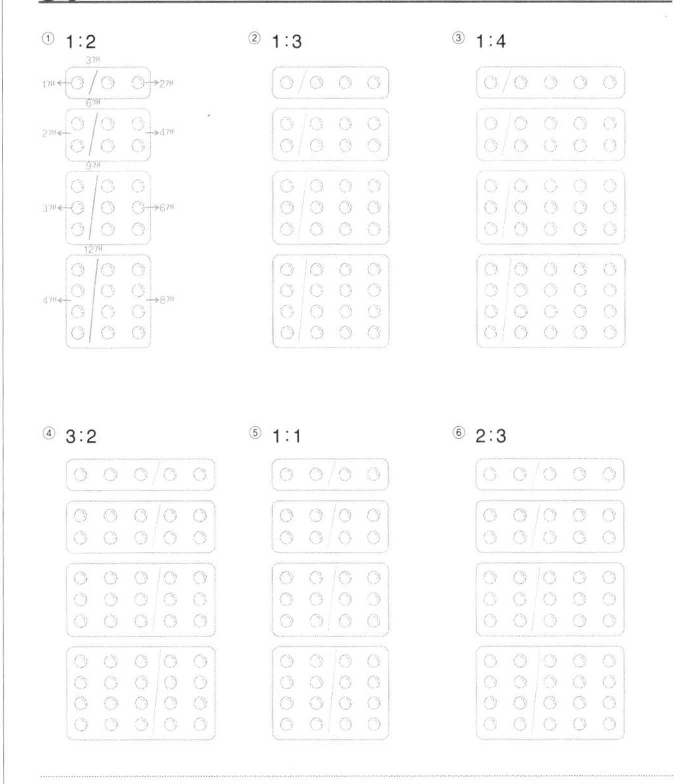

비례배분의 원리 ● 계산 원리 이해

02 원 나누기 163쪽

① ( ) (○) (○) ( )
② (○) ( ) (○) ( )
③ ( ) (○) (○) ( )
④ (○) ( ) ( ) (○)

비례배분의 원리 ● 계산 원리 이해

03 전체의 얼마만큼인지 구하기 164쪽

① $\frac{1}{2}$, $\frac{1}{2}$

② $\frac{3}{5}$, $\frac{2}{5}$

③ $\frac{1}{5}$, $\frac{4}{5}$

④ $\frac{4}{7}$, $\frac{3}{7}$

⑤ $\frac{6}{7}$, $\frac{1}{7}$

⑥ $\frac{3}{8}$, $\frac{5}{8}$

⑦ $\frac{5}{9}$, $\frac{4}{9}$

⑧ $\frac{2}{9}$, $\frac{7}{9}$

⑨ $\frac{5}{11}$, $\frac{6}{11}$

비례배분의 원리 ● 계산 원리 이해

04 비례배분하는 방법 익히기 165쪽

① 15를 2 : 3으로 비례배분하기

$15\times\frac{2}{2+3}=15\times\frac{2}{5}=\boxed{6}$

$15\times\frac{3}{2+3}=15\times\frac{3}{5}=\boxed{9}$

비례배분한 결과의 합은 전체와 같아요. → 6+9=15

② 20을 4 : 1로 비례배분하기

$20\times\frac{\boxed{4}}{4+1}=20\times\frac{\boxed{4}}{5}=\boxed{16}$

$20\times\frac{\boxed{1}}{4+1}=20\times\frac{\boxed{1}}{5}=\boxed{4}$

③ 30을 1 : 5로 비례배분하기

$30\times\frac{\boxed{1}}{1+\boxed{5}}=30\times\frac{\boxed{1}}{\boxed{6}}=\boxed{5}$

$30\times\frac{\boxed{5}}{1+\boxed{5}}=30\times\frac{\boxed{5}}{\boxed{6}}=\boxed{25}$

④ 21을 5 : 2로 비례배분하기

$21\times\frac{\boxed{5}}{\boxed{5}+2}=21\times\frac{\boxed{5}}{\boxed{7}}=\boxed{15}$

$21\times\frac{\boxed{2}}{\boxed{5}+2}=21\times\frac{\boxed{2}}{\boxed{7}}=\boxed{6}$

⑤ 77을 3 : 4로 비례배분하기

$77\times\frac{\boxed{3}}{\boxed{3}+\boxed{4}}=77\times\frac{\boxed{3}}{\boxed{7}}=\boxed{33}$

$77\times\frac{\boxed{4}}{\boxed{3}+\boxed{4}}=77\times\frac{\boxed{4}}{\boxed{7}}=\boxed{44}$

⑥ 81을 5 : 4로 비례배분하기

$81\times\frac{\boxed{5}}{\boxed{5}+\boxed{4}}=81\times\frac{\boxed{5}}{\boxed{9}}=\boxed{45}$

$81\times\frac{\boxed{4}}{\boxed{5}+\boxed{4}}=81\times\frac{\boxed{4}}{\boxed{9}}=\boxed{36}$

비례배분의 원리 ● 계산 방법 이해

05 비례배분하기 166~167쪽

① 40을 3 : 5로 비례배분

$40\times\frac{3}{3+5}=40\times\frac{3}{8}=15$

$40\times\frac{5}{3+5}=40\times\frac{5}{8}=25$

➡ 15, 25

비례배분한 결과의 합이 전체와 같은지 확인해 봐요. → 15+25=40

② 56을 4 : 3으로 비례배분

$56\times\frac{4}{4+3}=56\times\frac{4}{7}=32$

$56\times\frac{3}{4+3}=56\times\frac{3}{7}=24$

➡ 32, 24

③ 48을 1 : 5로 비례배분

$48\times\frac{1}{1+5}=48\times\frac{1}{6}=8$

$48\times\frac{5}{1+5}=48\times\frac{5}{6}=40$

➡ 8, 40

④ 100을 1 : 4로 비례배분

$100\times\frac{1}{1+4}=100\times\frac{1}{5}=20$

$100\times\frac{4}{1+4}=100\times\frac{4}{5}=80$

➡ 20, 80

⑤ 26을 6 : 7로 비례배분

$26\times\frac{6}{6+7}=26\times\frac{6}{13}=12$

$26\times\frac{7}{6+7}=26\times\frac{7}{13}=14$

➡ 12, 14

⑥ 80을 9 : 7로 비례배분

$80\times\frac{9}{9+7}=80\times\frac{9}{16}=45$

$80\times\frac{7}{9+7}=80\times\frac{7}{16}=35$

➡ 45, 35

⑦ 120을 7 : 5로 비례배분

$120\times\frac{7}{7+5}=120\times\frac{7}{12}=70$

$120\times\frac{5}{7+5}=120\times\frac{5}{12}=50$

➡ 70, 50

⑧ 68을 1 : 3으로 비례배분

$68\times\frac{1}{1+3}=68\times\frac{1}{4}=17$

$68\times\frac{3}{1+3}=68\times\frac{3}{4}=51$

➡ 17, 51

⑨ 200을 9 : 11로 비례배분

$200\times\frac{9}{9+11}=200\times\frac{9}{20}=90$

$200\times\frac{11}{9+11}=200\times\frac{11}{20}=110$

➡ 90, 110

⑩ 156을 4 : 9로 비례배분

$156\times\frac{4}{4+9}=156\times\frac{4}{13}=48$

$156\times\frac{9}{4+9}=156\times\frac{9}{13}=108$

➡ 48, 108

⑪ 147을 5 : 2로 비례배분

$147\times\frac{5}{5+2}=147\times\frac{5}{7}=105$

$147\times\frac{2}{5+2}=147\times\frac{2}{7}=42$

➡ 105, 42

⑫ 240을 8 : 7로 비례배분

$240\times\frac{8}{8+7}=240\times\frac{8}{15}=128$

$240\times\frac{7}{8+7}=240\times\frac{7}{15}=112$

➡ 128, 112

비례배분의 원리 ● 계산 방법 이해

06 끈을 둘로 나누기 168~169쪽

① 80, 120
② 160, 40
③ 24, 24
④ 36, 12
⑤ 34, 68
⑥ 17, 85
⑦ 126, 42
⑧ 105, 63

비례배분의 활용 ● 적용

④ 5:2로 비례배분

21: $21\times\frac{5}{7}=15$, $21\times\frac{2}{7}=6$ → 15, 6

35: $35\times\frac{5}{7}=25$, $35\times\frac{2}{7}=10$ → 25, 10

70: $70\times\frac{5}{7}=50$, $70\times\frac{2}{7}=20$ → 50, 20

⑤ 3:4로 비례배분

28: $28\times\frac{3}{7}=12$, $28\times\frac{4}{7}=16$ → 12, 16

56: $56\times\frac{3}{7}=24$, $56\times\frac{4}{7}=32$ → 24, 32

91: $91\times\frac{3}{7}=39$, $91\times\frac{4}{7}=52$ → 39, 52

⑥ 8:5로 비례배분

39: $39\times\frac{8}{13}=24$, $39\times\frac{5}{13}=15$ → 24, 15

91: $91\times\frac{8}{13}=56$, $91\times\frac{5}{13}=35$ → 56, 35

117: $117\times\frac{8}{13}=72$, $117\times\frac{5}{13}=45$ → 72, 45

비례배분의 원리 ● 계산 원리 이해

07 여러 가지 수를 비례배분하기 170~171쪽

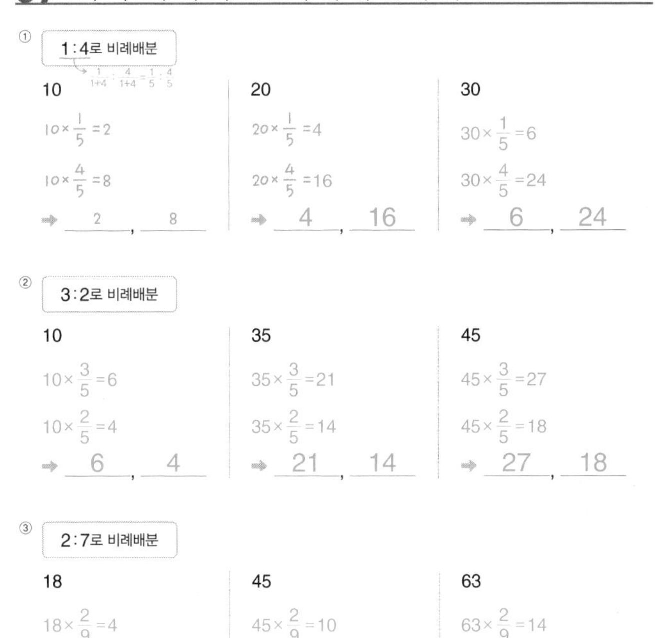

① 1:4로 비례배분 ($\frac{1}{1+4}:\frac{4}{1+4}=\frac{1}{5}:\frac{4}{5}$)

10: $10\times\frac{1}{5}=2$, $10\times\frac{4}{5}=8$ → 2, 8

20: $20\times\frac{1}{5}=4$, $20\times\frac{4}{5}=16$ → 4, 16

30: $30\times\frac{1}{5}=6$, $30\times\frac{4}{5}=24$ → 6, 24

② 3:2로 비례배분

10: $10\times\frac{3}{5}=6$, $10\times\frac{2}{5}=4$ → 6, 4

35: $35\times\frac{3}{5}=21$, $35\times\frac{2}{5}=14$ → 21, 14

45: $45\times\frac{3}{5}=27$, $45\times\frac{2}{5}=18$ → 27, 18

③ 2:7로 비례배분

18: $18\times\frac{2}{9}=4$, $18\times\frac{7}{9}=14$ → 4, 14

45: $45\times\frac{2}{9}=10$, $45\times\frac{7}{9}=35$ → 10, 35

63: $63\times\frac{2}{9}=14$, $63\times\frac{7}{9}=49$ → 14, 49

08 여러 가지 비로 비례배분하기 172~173쪽

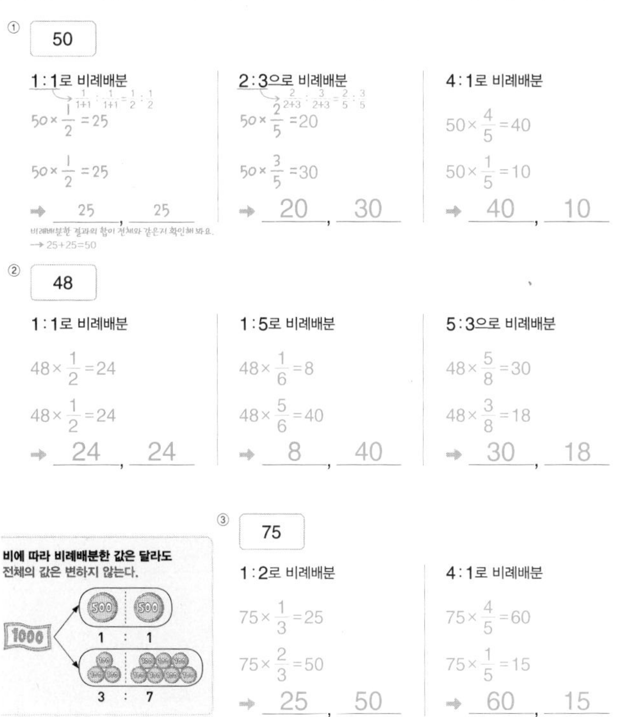

① 50

1:1로 비례배분 ($\frac{1}{1+1}:\frac{1}{1+1}=\frac{1}{2}:\frac{1}{2}$): $50\times\frac{1}{2}=25$, $50\times\frac{1}{2}=25$ → 25, 25

비례배분한 결과의 합이 전체와 같은지 확인해 봐요.
→ 25+25=50

2:3으로 비례배분 ($\frac{2}{2+3}:\frac{3}{2+3}=\frac{2}{5}:\frac{3}{5}$): $50\times\frac{2}{5}=20$, $50\times\frac{3}{5}=30$ → 20, 30

4:1로 비례배분: $50\times\frac{4}{5}=40$, $50\times\frac{1}{5}=10$ → 40, 10

② 48

1:1로 비례배분: $48\times\frac{1}{2}=24$, $48\times\frac{1}{2}=24$ → 24, 24

1:5로 비례배분: $48\times\frac{1}{6}=8$, $48\times\frac{5}{6}=40$ → 8, 40

5:3으로 비례배분: $48\times\frac{5}{8}=30$, $48\times\frac{3}{8}=18$ → 30, 18

비에 따라 비례배분한 값은 달라도 전체의 값은 변하지 않는다.

③ 75

1:2로 비례배분: $75\times\frac{1}{3}=25$, $75\times\frac{2}{3}=50$ → 25, 50

4:1로 비례배분: $75\times\frac{4}{5}=60$, $75\times\frac{1}{5}=15$ → 60, 15

④ 300

5 : 1로 비례배분	1 : 3으로 비례배분	7 : 3으로 비례배분
$300\times\frac{5}{6}=250$	$300\times\frac{1}{4}=75$	$300\times\frac{7}{10}=210$
$300\times\frac{1}{6}=50$	$300\times\frac{3}{4}=225$	$300\times\frac{3}{10}=90$
➡ 250, 50	➡ 75, 225	➡ 210, 90

⑤ 144

3 : 1로 비례배분	1 : 5로 비례배분	2 : 7로 비례배분
$144\times\frac{3}{4}=108$	$144\times\frac{1}{6}=24$	$144\times\frac{2}{9}=32$
$144\times\frac{1}{4}=36$	$144\times\frac{5}{6}=120$	$144\times\frac{7}{9}=112$
➡ 108, 36	➡ 24, 120	➡ 32, 112

⑥ 256

1 : 7로 비례배분	3 : 1로 비례배분	3 : 5로 비례배분
$256\times\frac{1}{8}=32$	$256\times\frac{3}{4}=192$	$256\times\frac{3}{8}=96$
$256\times\frac{7}{8}=224$	$256\times\frac{1}{4}=64$	$256\times\frac{5}{8}=160$
➡ 32, 224	➡ 192, 64	➡ 96, 160

비례배분의 원리 ● 계산 원리 이해

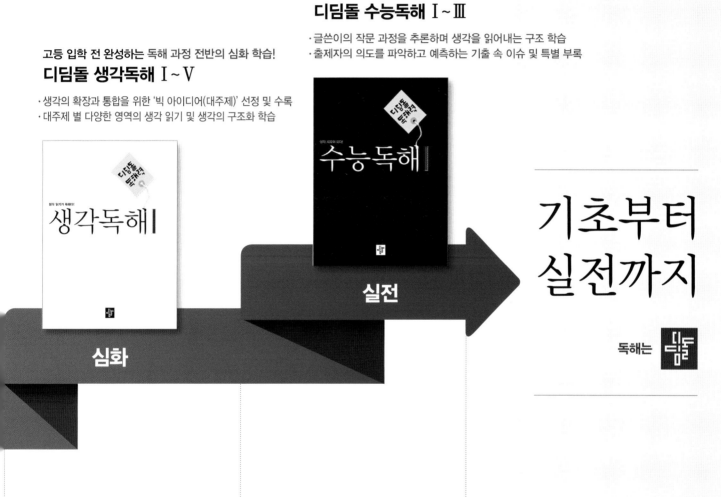

한걸음 한걸음 디딤돌을 걷다 보면 수학이 완성됩니다.

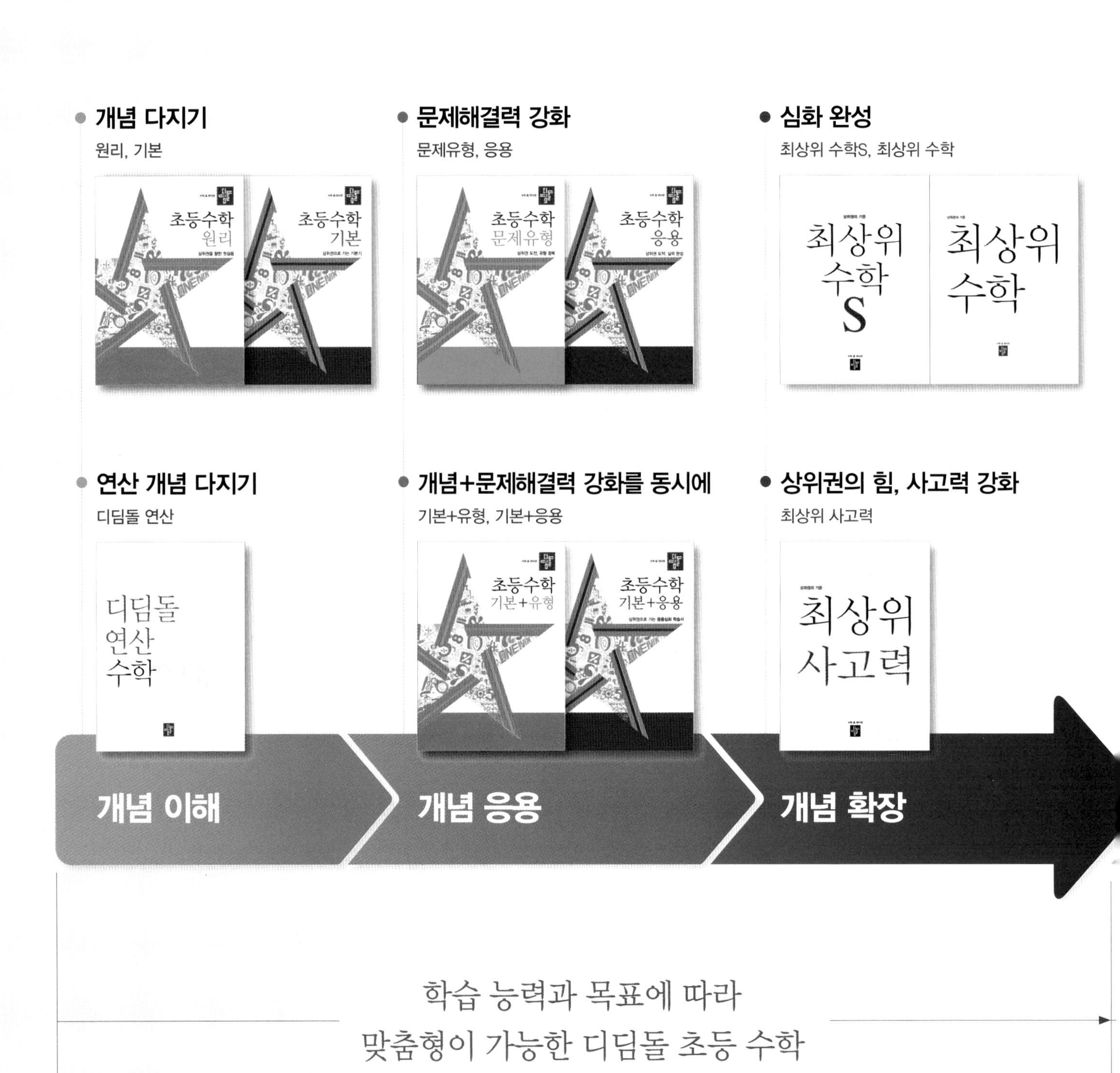

학습 능력과 목표에 따라
맞춤형이 가능한 디딤돌 초등 수학

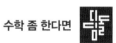

정가 10,000원

9 788926 163566 63410
ISBN 978-89-261-6356-6

⚠ 주 의

- 책의 날카로운 부분에 다치지 않도록 주의하세요.
- 화기나 습기가 있는 곳에 가까이 두지 마세요.

(주)디딤돌 교육은 '어린이제품안전특별법'을 준수하여 어린이가 안전한 환경에서 학습할 수 있도록 노력하고 있습니다.
KC마크는 이 제품이 공통안전기준에 적합하였음을 의미합니다.

수학을 품은 연산 **5B**

새 교육과정 반영

디딤돌 연산은 수학이다.

디딤돌